刘再烜 著

职场攻略 下级法则

Zhi Chang Gong Lue Xia Ji Fa Ze

中国财富出版社

图书在版编目（CIP）数据

职场攻略　下级法则／刘再烜著．—北京：中国财富出版社，2016.6

ISBN 978－7－5047－6169－9

Ⅰ．①职…　Ⅱ．①刘…　Ⅲ．①成功心理—通俗读物　Ⅳ．①B848.4－49

中国版本图书馆 CIP 数据核字（2016）第 137855 号

策划编辑　丰　虹　　**责任编辑**　姜莉君

责任印制　方朋远　　**责任校对**　杨小静　　**责任发行**　邢有涛

出版发行　中国财富出版社

社　　址　北京市丰台区南四环西路 188 号 5 区 20 楼　　**邮政编码**　100070

电　　话　010－52227568（发行部）　010－52227588 转 307（总编室）

010－68589540（读者服务部）　010－52227588 转 305（质检部）

网　　址　http：//www. cfpress. com. cn

经　　销　新华书店

印　　刷　北京京都六环印刷厂

书　　号　ISBN 978－7－5047－6169－9/B·0497

开　　本　710mm×1000mm　1/16　　**版　　次**　2016 年 6 月第 1 版

印　　张　12. 25　　**印　　次**　2016 年 6 月第 1 次印刷

字　　数　176 千字　　**定　　价**　35. 00 元

前　言

职场做事的三种境界

你想做一个什么样的职场中人？是想做一个碌碌无为的人，还是想做一个有所作为的人？

其实，很多事情所有的人都能做到，但是能不能做到更好，是由对职场的认识度所决定的。

在工作中，我越来越多地注意到，有很多职场年轻人一直处于困惑、迷茫、找不到目标方向的迷雾中。他们对人生从来没有正确的规划，实际上也不敢规划，因为当他们在职场中找不到方向的时候，他们已经失去了目标，自然也没有什么成就，更不知道自己的核心竞争力在哪里。

其实，无论是在职场中还是社会中，人有三种，即先知先觉、后知后觉、不知不觉。

所谓先知先觉，就是对事物发展的认识早于一般人，总能行动于众人之前。比如一个苹果砸在了牛顿头上，他就发现了万有引力，砸到一般人则可能把苹果吃了。而后知后觉虽然不像不知不觉的人，死了都不知道怎么死的，但这种人的缺点就是总跟在别人的后面，凡事总是比他人慢一步。

要知道，那些职场中的成功人士，其背后必定有一般人所无法企及的东西，这种东西有的是天生的，有的却是后天养成的。而这其中最关键的就是看这个人的思维方式是什么样的，正是思维方式的不同造就了人生的不同。

英国作家狄更斯在其著作《双城记》中说："这是最好的时代，也是最坏的时代。"的确，在这个时代，先知先觉就能成就不凡的人生，在职场中也会一切顺利，而后知后觉的人只能做普通人或者普通的职员。

在本书中，我就是要告诉大家，一定要弄懂什么才是职场，职场属性是什么样的，在职场中应该怎么做，帮助大家看懂职场规律以及背后的不为人知的因果关系。所以，对于大家来说，本书具有以下几大功效：

帮助大家端正职场心态；

让大家掌握笑傲职场的技巧；

教会大家找到满足自己物质和心理需求的途径；

从自身核心卖点做起，一点一滴培养自己在职场中的不可替代性。

也许你在现在的职场中并不顺利，也许你的人生前景在当前看起来并不那么乐观，但是你不必义愤填膺，这就是职场，这就是在职场中必须明白的事。只有你想明白了，你能做明白，就能做好，甚至更好。

在本书中，我不想说太多的大道理，我只想让大家明白当今职场中的潜在规律，让大家掌握如何在这种职场中游刃有余，笑傲于职场之中。所以，本书中我将游刃于职场的方法总结为八种模式，并将其命名为"笑傲职场八式"：

第一式——敞开心：领会上级意图；

第二式——动起手：执行上级决定；

第三式——管住嘴：维护上级形象；

第四式——激活脑：充当上级智囊；

第五式——迈开腿：拓展上级视野；

第六式——弯下腰：解决上级问题；

第七式——咬紧牙：忍受上级磨难；

第八式——闭上眼：规避上级矛盾。

另外，在本书中我还使用了许多通俗甚至有点让人发笑的语言来表述抽象的理论，用故事来引导大家进入场景，让大家在感同身受中学会做事的方法。因此，你读完这本书也许会有意犹未尽的感觉，其实这是正常的，当然也是我所希望的。因为，关于职场的太多心得与感悟是不可能通过一本书就说得清楚的。不久我还会继续推出我的作品，以飨读者。

“是金子总会发光”，是人才也一定会有更好的职场发展机遇。但在被发现之前，我们所要做的就是——努力让自己变成金子。当我们看透事物的表象，掌握其背后起决定性的另一面时，我们就与“发光”更近了一步。

所以，在最后，我希望每一个读到这本书的人，都能笑傲于职场，拥有完美的人生！

刘再烜

2015 年 9 月

目　录

开　篇

告诉你一个真实的职场环境

夏日炎炎，酷暑难耐。三五知己，结伴海滨畅游一番绝对可以称得上为人生美事。但是当我们身心愉悦地跃入大海，我们是否思考过如下的问题？

今日海水的温度适合我吗？

现在的我是否可以抵抗海水当中的污染物？

这个游泳的海域有拦鲨网吗？

我了解近期海潮涨落的规律吗？

我的能力足够应付这个海域的海浪波涌吗？

……

看到如上问题，相信大部分读者会觉得“大惊小怪”，眼前浮现出的形象是喋喋不休的唐僧。

的确，针对短时间的海边嬉玩而言，考虑上述问题确实有些小题大做、不合时宜。但是，如果我们选择的是更为深入而长期的“下海”，上述问题则是每一个对自我负责的个体必须慎重对待的问题。

不知大海为何物却要任性下海，命不久矣！

其实投身职场何尝不是如此？

就像人之于大海，我们在职场面前同样是异乎寻常的渺小与柔弱。

不识职场，如何自保与立足？不识职场，何来笑傲职场？

一个可能让你瞬间无能为力的选择

故事比较老套，相信你一定听过。

有一群小朋友在两条铁轨附近玩耍，一条铁轨还在使用，另一条已经停用。

只有一个小朋友选择在停用的铁轨上玩，其他的小朋友全部在仍使用的铁轨上玩。

这时火车来了，而你正站在铁轨的切换器旁，让火车停下来已经不可能了，但你能让火车转往停用的铁轨，这样的话你就可以拯救大多数小朋友。

但是，这也意味着那个在停用铁轨上玩的孤独的小朋友将被牺牲掉。

你会怎么做？

说得没错，这个故事在网络上流传甚广，其中有一段据说美国哈佛大学公共管理学教授授课视频上开篇也引用了这个案例。但是故事有了，答案是什么？

让我们试着选择一下。

A. 让火车改道，牺牲一个孩子，救下大多数孩子

支持理由：以少数生命的代价换取大多数生命，从道德上和情感上都可以接受。

反对理由：在停用的铁轨上玩的孩子是没有任何过错的，相反，在仍使用的铁轨上玩的一群孩子是有过错的，怎么可以让没有过错的人为别人的过错承担责任！这个选择绝对有悖公平。

B. 不让火车改道，牺牲一群孩子，留下一个孩子

支持理由：停用的铁轨必然充满安全隐患，为什么要让整个火车的人为几个人付出牺牲的代价。

反对理由：一个离群索居的孩子，注定要比其他一群孩子获得更少的关注与期待，所以牺牲一个孩子的选择使得决策者事后需要承担的责任相对较小。

怎么样，够纠结吧。在一个两方面非此即彼，必须有一方要付出生命代价的选择当中，无论如何对于选择者而言这样的心理体验都不会是愉悦的。

这个时候，如果可以找到一个鱼与熊掌能够兼得，不需要任何一方付出成本的完美结局便被人们称为“最佳答案”。

C. 据说是这个故事编撰者的批评家列奥·维尔斯基·朱力安给出的选择

我不会让火车开到停用的铁轨上去，因为我相信正在使用的铁轨上玩耍的孩子们会很警觉，听到火车汽笛的时候会很快跑开。如果让火车从停用的铁轨上驶过，那个孤独的孩子将必死无疑，因为他认为火车绝不会从那条停用的铁轨上经过。

D. 还有人将答案的多元化选择归结为社会角色的不同

作为一个政治家，他会在犹豫中错失机会，实在很难抉择；

作为一个法官，他会保持轨道原定方向，也就是说火车冲向那群小孩，而那个小孩则安全，因为那群小孩在轨道上玩是错误的，必须对自己的行为负责，而那个小孩是无错的，不应该受到多数暴政的迫害；

作为普通大众，则会牺牲一个小孩来保住一群小孩。

……

挺乱的，也挺玄的，还是让我们来分析一下吧。

在 A 这个层面做选择的人属于标准的是非判断，他们心中充斥着鲜明的对错原则。

支持者认为牺牲少数保护多数天经地义。

反对者认为每个人为自己的行为对错承担责任顺理成章，否则公平与正义就无从谈起。

但是他们的问题马上出现了：支持方将无法说明到底哪一方属于多数一方，是一个，还是一群，还是一火车，还是整个社会？同样，反对方同样回避不了的问题是过错与结果对等吗（仅仅因为选择错了玩耍的地方就一定要付出生命的代价吗？严格追究一下，在废弃铁轨上面玩耍的孩子可能也有些许错误）？不对等的结果如何体现公平与正义呢？

在 B 这个层面做选择的人更多关注的不是单一的逻辑与原则，他们关心的是选择之后所可能造成的来自其他人的褒贬评价与连锁反应。支持方考虑的是以牺牲少数利益换取大多数利益的做法是否会造成对更大利益群体的损害，反对方考虑的是一旦决策被认为错误，这个选择的事后责任承担起来相对容易。

至于 C 与 D 的选择则属于过于油滑的逃避式选择。

C 选择引入一个不确定是否出现的可能性（正在使用的铁轨上玩耍的孩子们会很警觉，听到火车汽笛的时候会很快跑开），避开了这个选择的残酷性，维持了自身心理的安宁。相当于没有做出选择。

D 选择是通过罗列出基于不同个人价值观而有可能做出不同选择的这个情况，从而回避了自己想要做出的选择。指出不同身份地位会有不同选择的同时，将选择看成别人的事情，从而让自己不必纠结、不必尴尬、不必难堪。说了一大堆的废话，顾左右而言他。

我们真的不喜欢耍小聪明式的逃避问题本质的 C 与 D 的选择。

让我们从思维判断的三个层次分析（见图 1）：

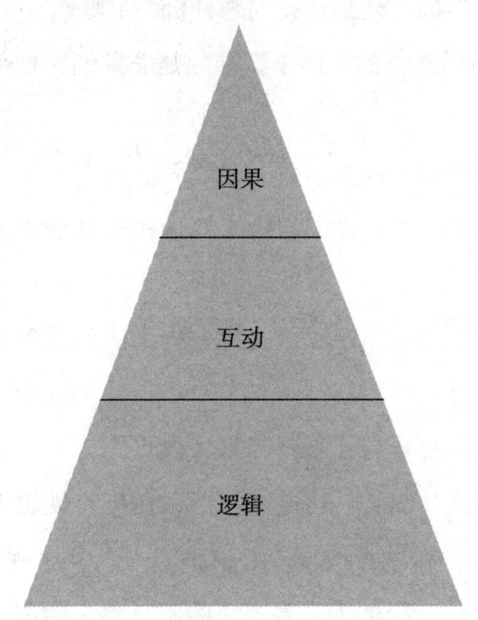

图 1 思维判断的三个层次

A 选择的理由基于是非判断，思考的过程是由原则导出结果，属于逻辑思考层面。

B 选择的理由与逻辑选择的不同在于不是做一次性判断，思考当中加入了选择之后有可能出现的反应因素，有了“回合性”的思考，属于互动层面。

因果层面则应该是基于因果判断的选择。即根据我们未来期望出现什么样的结果，倒推出今天应该做出什么样的选择。

从因果层面思考的答案应该是不作为，牺牲一小群人保护一个人。理由是在一个社会群体当中，一小群人与整个社会人数比较依旧是少数人。

因为一小群人的利益去破坏社会规范的结果势必造成更大、更多、更重要的社会规范被践踏。一个社会只有保护无过错者，方能维持社会规范，最终保护造福绝大多数人。

这一篇故事究其根本探究的就是我们应该保护“对的”还是“多的”。不要小看了这个问题，因为在这个问题上面人类纠结了太久。保护“对的”是正义，保护“多的”是公理，无须证明自动存在的公理！人们用良知追求正义，用行动实践公理。

再告诉你一个秘密：由于人们已经习惯性选择保护“多的”，所以以多数的名目实际保护自我特定群体成为当今人类社会的惯常选择。比如，你的孩子在哪里，或者你的大领导的孩子在哪里，你就会以非常冠冕堂皇的理由将火车支配到另外一条铁轨上面……

但是，更让你失望的是上面的选择其实都不对。在实际职场当中遇到这个情况其实你怎么做都不对。

首先，在这个故事情境当中，真实的情况是，不管是选择谁被牺牲，你一定逃不掉成为一个悲催的角色。

第一个理由——在这个故事体系当中你无法掌控不论是孩子还是火车当中的任何一个方面，但是你却要为他们的行为结果负责（你很像那个在停用铁轨上玩耍却可能被牺牲的孩子）。如果你能够掌控孩子，他们就不会出现在这里；如果你能够掌控火车，根据列车时刻你就应该知道在什么时间以什么方式提前通知司机减速。

更为可怕的是，火车司机完全看不到孩子而使火车无法减速的可能性微乎其微，但是火车紧急制动的结果是车轮抱死后与铁轨剧烈摩擦将导致车轮车轨严重变形，损失巨大，所以火车司机完全有可能以来不及刹车为由放任事故的发生。而这种情形下依旧需要你来为他承担责任。

第二个理由——你想未雨绸缪，在事情发生之前便向相关领导请示处理原则。在这里我几乎可以向你保证，领导交代回复给你的原则要么模棱两可，要么结果是绝对不会因为你依据他交代给你的原则处理问题而在事后为你担责、为你免责。因为领导对你的处理取决于事情发生之后领导的领导对其的压力与倾向。

其次，无论你是否愿意，你只能——只能选择让火车改道，牺牲那个孩子（甚至有可能牺牲一火车的人）。

道理非常简单，只要你将正常使用铁轨上面玩耍的孩子的数量不断增加，相信每个人的态度最终都会妥协。虽然我们刚刚说到的答案是需要以现在的小成本换取未来的大获益，不过人们普遍的心理感受却是宁愿选择现在而放弃未来。再有，依据经验判断，在恶性事故发生之后的清算当中人们往往容忍愚蠢莽撞的行事错误，但是无法原谅无动于衷的不作为。所以做点什么的成本要低于不做什么的成本——虽然这样做未必是对的。

最后，再告诉你一个更加残酷的事实：只要做了，对错就不再重要了，因为结果的是非曲直都是事后人们根据现实的功利需要而做出的认定与解释，真的与初衷和事实关系不大。

你大可不必嗤之以鼻，事实是，这就是事实！不是这样吗？否则如何解释同样因为生病无法完成比赛，2008 年刘翔主动放弃被誉为“理性面对成败，充分体现奥林匹克精神”；2012 年刘翔跌倒赛场同样被誉为“奋勇拼搏，充分体现奥林匹克精神”。截然相反的行为，如出一辙的赞誉——到底奥林匹克精神是什么？

我们无意针对刘翔个人，始作俑者是可恶的幕后团队，叹为观止的是可耻的“刘翔现象”，因为“需要”就可以指鹿为马，翻手为云、覆手为雨。

但是，这么做又是有价值的：对于一个极度重视教化的民族的自我心理需要，对于弘扬奥林匹克精神的思想追求，对于强调重视传递时代“正能量”的功利目的，这么做都是必然的。

所以，在这件事情上面人们选择了捍卫“方向正确”——虽然实施技巧一塌糊涂。

不必义愤填膺，这就是职场，换句话说，这就是生存环境（讳败为胜本来就是中国官僚体系流传已久的传统）。你原有的原则体系可能在这里被践踏得一塌糊涂。面对你无法改变的一切，你只有以更为宽广的胸怀去理解与包容，毕竟这个世界不是按照你的想法存在的，你原来所接受的学校的正统（正式）教育教给你的也绝对不是真实、完整且有效的。

正统（正式）教育告诉了你美好，但是却回避了真实。

老鹰是所有鸟类中最强壮的种族，根据动物学家所做的研究，这可能与老鹰的喂食习惯有关。

老鹰一次生下四五只小鹰，由于它们的巢穴很高，所以猎捕回来的食物一次只能喂食一只小鹰，而老鹰的喂食方式并不是依据平等的原则，而是哪一只小鹰抢得凶就给谁吃，在此情况下，瘦弱的小鹰吃不到食物就饿死了，最凶狠的存活下来，代代相传，老鹰裔族越来越强壮。

我们的正统（正式）教育一定给你描述了“公平”的可贵与美好，但是一定没有告诉你为什么在漫长的人类进化历程当中，“公平”永远是理想而无法变成现实，而优胜劣汰成为人类发展历程当中颠扑不破的真实法则。

早在几十年前，就有经济学家对众多国家发展历程做出充分分析之后得出趋势性结论：坚守公平终将导致共贫。

人类知识体系当中的理论绝对都是经过简化提炼而来，当正统（正式）教育以庄重权威的姿态将这些理论当作不二法则传授之后，以此当作圭臬便过于片面，相当于放弃了对于事物的整体把握。

如果你知道一个女人怀孕了，她已经生了8个小孩了，其中有3个耳朵聋，2个眼睛瞎，1个智能不足，而这个女人当时自己又身患梅毒，请问，你会建议她堕胎吗？

答案是：如果你建议她堕胎，你就杀死了贝多芬（因为这个女人孕育的是贝多芬）。

很难说哪一个人类信奉的理论是“绝对的”真理。理论之所以成为理论是因为删减了太多的小概率事件之后总结而成的。但是问题就在于当这些理论在实际中面对这些小概率事件时，尴尬就成为难以避免的事情。

由于人类本身的知识体系尚未成熟，所以当正统（正式）教育依据这些不成熟的知识体系传授给我们太多的逻辑关系时，在实际运用当中你会发现在一个真实的非线性世界当中，那些逻辑未必成立、难以确认真实有效。

现在要选举一名领袖，而你这一票很关键，下面是关于4个候选人的一些事实。

候选人A：跟一些不诚实的政客有往来，而且会星象占卜学。他有婚外情，是一个老烟枪，每天喝8~10杯的马丁尼。

候选人B：他过去有过2次被解雇的记录，睡觉睡到中午才起来，大学时吸鸦片，而且每天傍晚会喝一大夸脱威士忌。

候选人C：他性格暴戾、残酷专断、不相信任何人，早年曾被学校开除，7次入狱，吸烟酗酒，自己承认不是一位好丈夫，妻子自杀。

候选人D：他是一位受勋的战争英雄，素食主义者，不抽烟，只偶尔喝一点啤酒，从没有发生婚外情。

你会选择哪一位？

公布姓名：

候选人A是富兰克林·德拉诺·罗斯福。

候选人B是温斯顿·丘吉尔。

候选人C是约瑟夫·维萨里奥诺维奇·斯大林。

候选人D是阿道夫·希特勒。

怎么样，想说脏话吗？

何必呢？从来没有任何证据可以证明领袖成就与个人道德水平存在必然的联系，是我们一厢情愿地以为二者必然存在关联，是我们接受的正统（正式）教育给了我们诸多暗示甚至粗暴联系（问题是我们又善良地相信了），这又能够怪谁呢？

说到这里，你一定应该感悟到了，职场与你最初的设想、单纯的善良立场真的存在着太多太多、太大太大的差异了。面对职场我们需要理智，也需要坚强。

用理智去理解这些。

用坚强去面对这些。

如果到了这个时候你已经无意阅读下去，恭喜你，你就此已减少了太多的心理纠结与不平衡。但是，这些东西不会因为你不去了解就自动消失——当掩耳盗铃的鸵鸟没有意义。

如果到了这个时候你已经无意投身职场，决定退出江湖退隐山林，恭喜你，你从此将远离纷争、心灵宁静。但是，江湖还在那里，不是你抛弃了职场，而是职场抛弃了你——当自欺欺人的逃兵没有价值。

既然退路已绝，莫不如以一名勇者的气度啸聚江湖、勇敢亮剑。

既然生命经历与丰富的心路历程是宝贵的人生财富，莫不如以一位职业人的气概走上这段或许坎坷、或许痛苦的职场之路，修炼人生、笑傲征程。

关于职场：让我们跳出画面看画

如果你去询问众多职场中人：职场好不好混？结果是你一定再次悲催，因为不会有什么答案能让你满意。

你不要相信回答“好混”的人，因为此人要么最近春风得意，小胜轻狂，无视了职场的残酷；要么在此问题方面心境不佳、以别有用心地展示优越感的方式掩饰其内心的不安与失落。

你也不要相信回答“不好混”的人，自己本人尚且没有感受成功，他的回答又如何让你有所感悟与提升。

有没有可能回答的人不愿意搭理你，草草应付敷衍以求清净呢？看来是不会的，因为他一旦回答“不好混”，他都要面对你接下来的“哪里不好混”“为什么不好混”等问题。你说他还能够清净吗？

那么会是这样的原因吗：回答“不好混”是因为人家成功之后的谦虚。

不会的，因为职场就不是一个应该报有“混”的心态的地方。真正成功过的人怎么可能不懂这一点呢？

什么是职场？

让我们做一个有趣的文字游戏，把词语打散再组合、解构再结构。

职场＝职＋场。

职：是指就职的职位；是指履行的职能；还是指坚守的职责？

场：是指人群集散的场地；是指人们基于某种技能与意愿呈现表演的场所；还是指具有能量、动量和质量相互传递、相互作用的一种状态格局（例如：电场、磁场、引力场）？

那么，职＋场＝职场。

A. 就职的场地

如果针对职场你如此认为，恭喜你，说明至少有一个职位属于你，在这个社会当中有一个机会留给了你，你通过这个机会可以用自己的才能去换取财富。

谢天谢地，你入局了，有人带你玩了。

不过，玩归玩，在一起参与游戏的角色当中，也有一种角色是那种从无机会下场、只能旁观的。

B. 履行职能的场所

如果你的选择是这个，说明你不仅入局，并且入局较深，已经有机会承担职责、促成组织机体发挥其功能与作用了。

你有理由高兴，你已经立于局中，成为其一员了，成为游戏中的一分子了。

与 A 的区别是有机会下场了，有机会被关注了，但是也有可能仅仅是一位跑龙套的“边缘人”。

C. 因为职责所纠葛在一起的人际群体

职场是由人聚集为场，既然物理学揭示场中存在着物质能量的交换与作用，那么职场当中的人们因为愿望走到一起，因为职责被拴在一起，必然形成一个极其复杂的模糊系统。人们切不可想当然，只有依据组织内在独特的规律行事方可达成预期成果。

把职场看成此等高度，或许理解才有深度。但是，可能又有出入了。真正的职场答案应该是下一个。

D. 以上兼而有之，即职场 =A + B + C

职场既是一个平面的场地，也是一个立体的场所，更是一个容纳人际、群体交互作用的系统格局。

知强弱方可知攻守、明深浅才能明进退。

认为职场是 A 才能懂得定位；

认为职场是 B 才能明白提升技能与水平；

认为职场是 C 才能认清人际关联中好态度的必要；

认为职场是 D 才能清醒从整体观看待思想认识、能力水平和态度倾向和谐匹配的重要。

了解了职场，接下来自然要说说职业了。

职业，基础意思当然指职务，工作岗位。但是，从语言文化学的角度，人们对于“职业”一词的心理理解肯定要在程度上面高于基础意思。因为“业”还包含有重大的成就或功劳的意思，比如创业、业绩，所以职业在人们心中就有了诸如专业能力、品格操守永远不低于应有的水准的意思甚至期待。

在英国有一项历史悠久的足球赛事——足总杯。在这个赛事中，无论你是英超、英甲、乙级、丙级甚至更低级别的业余球队，大家都有同等的比赛对阵的机会。我们也常常听到诸如丙级球队爆冷击败英超球队的战例。

说爆冷是因为低级别的球队击败了高级别的球队，业余的球队击败了职业的球队。对于一场比赛而言，最终谁输谁赢真的难以预料。

但是，如果两支球队之间进行 100 场比赛，谁会赢得多呢？

还用问吗？当然是英超球队。因为这支队伍是职业的。

请问，一位业余高尔夫选手与一位职业高尔夫选手一洞比赛见高低，谁会赢呢？

不一定。

两个人比 18 洞标准赛呢？谁会赢？

还用问吗？当然是职业选手了。因为他是职业的。

上面的事例说明职业与非职业的明显区别在于：职业意味着基础水准要明显高于非职业的一方，意味着较少起伏、保持着相对稳定的行为质量。

还是讲一个故事吧。

有一位足球教练，连续5届带领5支不同国家的足球队进入世界杯决赛圈，其中连续4届率队杀入世界杯前16名，被全世界球迷尊奉为“神奇教练”。

对，他就是前中国国家足球队主教练维利博尔·米卢蒂诺维奇。

真的说不清是什么原因，米卢这个在全世界享有盛誉的“神奇教练”，在他离开中国队之后被人们冠以“走运的机会主义者”的称号。或许真的像坊间传闻的一样，是米卢得罪了中国的新闻媒体记者，所以在公共媒体方面人们无视了米卢成功的“一贯性”，而刻意将成功解释为“运气”“偶然”。

众口铄金呀！

其实只要以客观的心态评价米卢，不难承认其“一贯性”的成功源于其自身高超的职业水准。

其他的内容以后再说，在此仅举一例说明。

米卢刚刚荣任中国足球队主教练的时候，他并没有急于宣布征召哪些运动员入队，而是不断地出现在甲A联赛的赛场现场观摩比赛，挑选队员。

米卢此举引起一些人的不满，当时公开发声的就是被誉为“北京足球教父”的著名教练金志扬。

金志扬与米卢同样出生于1944年，同样在身为运动员时并未大红大紫，同样在作为教练时达到个人事业最高峰。在中国足球界金志扬有些与众不同，他出身名门，其祖父金源为第一任北京律师工会主席，所以金志扬身上的些许书卷气与极强的语言表达能力使其在中国足球界的芸芸草莽当中显得独树一帜。

1997 年，中国足球队兵败大连金州。在赛后总结会上，面对记者们咄咄逼人的提问，时任主教练的戚务生回答时显得结结巴巴、思路混乱。这时担任国家队教练的金志扬横空出世，以流利的表达清晰地回应了许多难缠的提问。此后，由金志扬入主国家队的呼声在江湖此起彼伏。

但是，中国足协的选择是米卢，金志扬则作为国家队教练辅佐米卢。

其实想想也不难理解，选择金志扬如果再次失败，中国足协难以推卸责任；如果选择米卢同样失败，足协需要承担的责任自然要少得多。

你或许真的气不得，推卸责任的选择铸成中国足球 50 多年冲击世界杯历史上唯一的成功传奇。

人们不清楚那个时候金志扬是因为“瑜亮情结”还是个性使然，他对米卢的执教一直不甚信服，金志扬自己也承认“米卢第一次指挥中国队比赛，我们就对他产生了疑问”。所以当米卢不断观摩比赛挑选运动员时，金志扬在回答记者提问时明显地表示不屑与不满：中国优秀的足球运动员就 20 多个，根本就不用挑选，给我十分钟，列出 20 多人的名单，迅速组建国家队，赶快训练技战术，不要耽误时间。

不知道今天的金志扬再看到自己当年的上述发言会有何感受？而我们今天看来，这恰好表现了一位名冠江湖的职业高手与一位非职业的区域名手之间的显著差异。

金志扬曾经从当时的甲 B 球队河南队挑选了一位边线选手进入甲 A 的国安队。在解释为什么挑选这名选手时，金志扬的说法在当时的中国足球教练圈内很有代表性：我从来不看甲 B 的比赛，那一天偶然看了十分钟的甲B的比赛，就在这十分钟里，这名选手连续两次在边路突破传中，突破速度与传中脚法都让我吃惊，所以选择他进入国安队。在国安队的效力时间不长，那一名队员就因为难以符合要求而被淘汰。

我们没有理由指责金志扬，因为他的选人思路是在我们周围惯常出现的。

长期以来，我们选人时往往从优点着眼，什么人在某一时刻的灵光一现给我们留下了深刻的印象，我们就将这个印象看成是这个人的全部。换句话说吧，把一个人瞬间出现的最高水准当成这个人随时可能出现的基础水平，相反无视了他有可能出现的低潮甚至他的缺点缺陷。比如说到关羽就一定是“过五关斩六将”“单刀赴会”，绝口不谈“走麦城”。

选择运动员同样如此，教练员将运动员最好状态的情形作为依据，据此判断完成任务的难易程度。所以每次出征都是趾高气扬、志在必得，瞬间便是铩羽而归、垂头丧气。最难以接受的是每次失利却都不知道输在哪里。

这个陷阱“狡猾”的米卢却可以巧妙规避。

米卢选人或许真的不是从这名运动员的最高水平来选择接纳，相反，他看重的是一名运动员在表现最差的时候是什么样的水准。当他对于一名运动员最差的表现水准可以接受的时候，这样组成的团队在最糟糕的时候会有什么样的表现教练员就一清二楚了。掌控这样的团队，或许并不奢求一步登天，但是绝对不会出现低级别的错误。

比如，米卢当年曾经挑选了一位不足20岁的年轻人安琦担任国家队的守门员。面对人们的不解，米卢的解释是：安琦参加了世界青年足球锦标赛，这是在安琦这个年龄当中可能参加的最高级别的足球比赛。在比赛当中，安琦的表现非常正常。米卢据此认为，在最紧张时候安琦的表现既然可以让人满意，米卢就有足够的信心相信安琦在国家队的比赛当中也不会过于失常。

怎么样？选择思路完全不一样。

结果呢？你见过哪一届中国足球队能够如同米卢手下的那届国家队一样在冲击世界杯的时候轻松愉快地赢球，想输都难、孤独求败。

米卢是一位职业人的典范。

米卢的故事告诉我们：职业要不低于应有的水准，职场中人要有守得住的底线。

不识庐山真面目，只缘身在此山中。

只有跳出画面看画，抛开褊狭的情绪去接纳，我们对于职业与职场才会拥有另外一番不同的感受。

扬帆职场的九字箴言：要什么、凭什么、干什么

如何立足职场、赢在职场？给你 3 句话，9 个字，大家共勉。

A. 要什么

每一个人进入职场一定有他的愿望与需求，否则他就不会进入这么一个充满了不确定因素的地方。不是吗？如果没有你心之向往的东西，你怎么会赔着小心、谨小慎微地忍受在职场当中呢？我们应该承认，是欲望促成了行动。那么进入职场你到底想要什么呢？高薪酬，高待遇，还是享受被人尊重的心理感受？或者其他什么？

上面的需求都对，其实人人在职场都想得到这些，但是接下来人们会问到你一个问题。

B. 凭什么

要什么是你的需求，但是凭什么是别人对你的诘问：你凭什么认为你值得职场给你上面那些你想要的东西呢？你想要那些东西，职场依据什么认为值得给你这些呢？

学历，你的回答或许是学历，诸如，本人拥有令人艳羡的学历，我曾经就读于某某著名学府，我曾经师从某某著名学者教授，我曾经荣获什么层级的学位，等等。但是，如果你面对一位有着丰富经验的人力资源工作者，他一定会告诉你：学历属于你自己，并不属于你目前的就职单位。如果说单位定期为你发放工资，那么工作单位通过工资向你购买的绝对不是你的学历。

经历，排除了学历，你的答案可能关注到了经历。诸如，本人拥有令人钦佩的傲人经历，我曾经就职于某某著名单位，我曾经担当某某重要岗位，我曾经参与甚至主导某某重要项目，我曾经达到什么高度的职业成就，等等。但是，有着丰富经验的人力资源工作者一定会告诉你：经历只属于你自己，与目前就职的单位无关，单位发放工资购买的不是你的过往经历。

这个问题看来显得有点“拽”。这也不是，那也不是，那到底是什么？是行为！如果问单位定期发放工资跟我们交换的是什么，那就是行为，更确切地说是行为所带来的结果。为什么众多单位在招聘新人时往往要附上严格的学历与经历要求，其实这仅仅是依据学历与经历对新招聘人员未来行为能力与质量的一种预判！

要什么是你的事儿，凭什么是别人对你的评价。你自然希望要更多更好的东西，别人也一定会评价你是否值得拥有这些东西。靠什么使你满足需要？靠什么使别人认可你的获得？当然是行为。这样就必然引出下面的3个字。

C. 干什么

在职场当中，只要有一个新人出现，不可避免地一定会面临他人对你的观察与评价。你不妨想想自己在读书时候班级来新人你的想法与做法，你在参加工作后单位来新人你的想法与做法。道理是一样的。观察与评价别人是人的本能，人人都这样，区别只在于有人愿意把结果说出来，有人藏在心里不说而已。

常言道：人人心中有杆秤。在人们观察别人的时候，只要被观察方做出行为（甚至不做行为），人们就会相应地对他的行为水平给出分数、做出评价。天长日久，一个人在别人心中就被归为某一类人，有了或轻或重的分量。

为了获得正向的评价，你必须干点什么。当然，围绕着干什么还有一个前提与一个后续：那就是干不干与怎么干。干不干是态度，干什么是方向，怎么干是技巧。职场中人只有全面客观地接受这些，才会使职场之路走得顺畅与如意。

职场犹如战场，凭本事立足，凭功夫成功。

要想获得成功，必须对自身功夫做艰苦的修炼。

功夫的修炼也会分为不同的层面与侧重。

笑傲职场，自然也会分为招数、套路、功力、底气。

让我们细细道来……

笑傲职场之下级法则：职场八式

有一个许多人都在心里想但从来不愿公开承认的想法，那就是上级就是个王八蛋。但同时，我们猥琐的心里却时时萦绕如此的想法，我们人人都想成为这个王八蛋。

对上级的不敬不恭，源于面对上级的朝令夕改。面对上级的仗势压人，你我心中都有厌倦逆反的时候。话说回来，我就是脾气再好，头后也有反骨呀，差不多行了，别没完没了的。不过遗憾的是，你有上级管你的这件事情，就是一个没完没了的状态，即便你有本事把上级变成下级，还会有新的上级在管理你。

且慢，如果你真有那个本事把上级变成你的下级，你或许会蓦然发现，原来你所厌倦的上级的诸多手法，你也在不知不觉地使用着。你不会公开承认，但你却在不断地模仿甚至重复上级的方法。还用说吗？哪一个挨父亲打的儿子没在心中暗想，有朝一日我当了爸爸，绝对不会打我的儿子。哪一个从小挨过爸爸打的儿子当了爸爸之后，没打过自己的儿子？做法是否合理，换位之后才明白。

作为一名职场人士，我们都要从下级做起，即便你刚刚入职就有了一官半职，那你也有需要你去汇报的上级。我们接下来就要与你探讨如何成为一名好下级，在面对上级时应有哪些心态与做法。如果把职场看成比武场，是擂台，是赛场，是战场，那么接下来的八点忠告就像立足职场、让我们在残酷职业环境当中能够活下来的八项生存法则，就像武功修炼使我们立于不败之地的八式招数。

面对上级，摆正心态。

坚守法则，修炼八式，立足职场，着眼未来。

第一式

敞开心：领会上级意图

（修炼要领：懂事）

“失之毫厘，谬以千里。”作为职场中人，如果下级对于上级意图的理解出现偏差，那么行为结果必然出现谬以千里，甚至南辕北辙的情况。所以，职场中人在与上级领导共同工作的过程当中，只有正确且深刻地领会领导的真实意图，才有可能在处理问题时不出现差错，从而保证组织的任务得以完成。上级领导作为一个组织的代表，我们必须要敞开自己的心，通过钻研职场技巧、熟悉上级特点等途径和方式来准确领会上级领导的意图。在这个过程中，不能稀里糊涂、片面理解，不能为我所需、断章取义，最后把好经给念歪了，把好事给做错了。

基于此，这里为你提供了途径和方法：职场情境分析与指导意见；如何钻研职场，熟悉上级。

职场情境分析与指导意见

给你一个问题，看看你如何处理。

在职业场所，一位上级对下级说："请你帮我把门关上。"你该怎么办？是关门，还是出去，抑或傻傻地看，呆呆地等？其实，你做什么真的不是最重要的，最重要的是你要知道为什么做这些。下面我们结合几个情境来分析，并告诉你应该如何处理。

情境一：夏天，办公区域内很热，一位西装革履的领导正襟危坐率部下开会。

室内很热，真的很热。领导开始脱衣，一件又一件，直到无法再脱。转脸一看，室内空调未开，领导急令打开空调。再一看，门未关，领导对你言道："请你帮我把门关上。"

你如何处理？

原来领导此言背后的意思是关门降温，你所要做的是迅速做到，同时行为得体——迅速起身，轻关返身。

情境二：领导率下辖部门开会。

某位仁兄汇报工作慷慨激昂，声如洪钟，周边之人纷纷做掩耳状。领导没有掩耳，因为领导要不同于常人，但是领导在暗自频频皱眉。领导突然打断仁兄的汇报，言道："请你帮我把门关上。"

你该如何处置?

原来领导此言背后之意为关门是假，平复心情以正常语调发言是真。此时此位仁兄要做的是起身关门，再回到座位时以众人可接受的语调汇报。

如果有精明之人问：可不可以不去关门，直接降低声调即可？当然不行。绝对不行。因为这是领导给你面子。为了避免尴尬，领导为你如此精心设计了如上“桥段”，你怎可让领导一片苦心付诸东流。领导没有成就感，你就不会舒服！与领导心照不宣，你才会让领导觉得你是自己人。

> 情境三：领导与你两人在办公室交谈。
>
> 你与领导两个人在办公室聊天，言谈当中突然涉及一个即将公布的重要的人事安排。此时，领导突然无语，面无表情，目光如炬直视你道：“请你帮我把门关上。”

你该如何?

领导的意思绝对不在于你关不关门，领导大体需要向你传递两个意思：一个是事情尚未公布，不要让他人听到；另一个是也是更重要的，这个事情我只跟你说了，你小子怎么办你应该心里有数。

领导在考察你的敏感性，同时也在考验你是否可以守口如瓶，今后是否可以值得托付。因此，关门吧，还等什么呢？同时也要给领导一个回复，让他知道你绝对不会将此消息由你口中散播出去。要让领导明白：领导的心意，你懂的。

不过回复要有技巧，太直白的语言会破坏你们之间的默契感觉。一个笑容、一个小动作即可。不过你需要注意的是笑容与动作一定要得体，不可显得轻浮和不老到。

情境四：只有领导与你在办公室中。

突然有客人来访，你发现客人气场很足。领导急忙递烟、倒水、引入上座。此时，领导已将全身心应对于此位贵客，已然全无心情关注于你，身体都未转向你便张口言道：“请你帮我把门关上。”

还用分析吗？此刻必须得体退出，将自己关在门外。

同样的一句“请你帮我把门关上”，为何在不同情境下应对会不尽相同呢？事实上，领导的命令可能在口头，领导的命令可能在纸面。但领导命令背后的深意，作为职场中人的你则需要深切领会。你理解得越深、越准，应对问题则可能越到位，在领导心中的位置可能越重要。

如何钻研职场，熟悉上级

在职场上，如果一位部属需要上级对其事无巨细、毫无保留方可领会意图，我们只能由衷感叹。感叹什么？一是感叹部属的愚笨，二是感叹部属必将命运多舛。领导的命令可能在口头，也可能在纸面，但领导命令背后的深意，作为职场中人的你则需要深切体会。那么，如何才能更好地领会上级意图呢？这里给你一个建议：钻研职场，熟悉上级。

既然要钻研职场、熟悉上级，那么你所在的职场是什么样？这个问题真的不难，又真的太难。不难是表面，太难是里面。不把职场钻研清楚，怎么了解单位要往哪里去，怎么了解单位的行事作风，部门间做事风格、惯常套路，以及领导的行事习惯呢？

给你一个工具，以此来识别你上级的管理风格，如图 2 所示。

图 2 所示的不同类型的领导，各有特点。

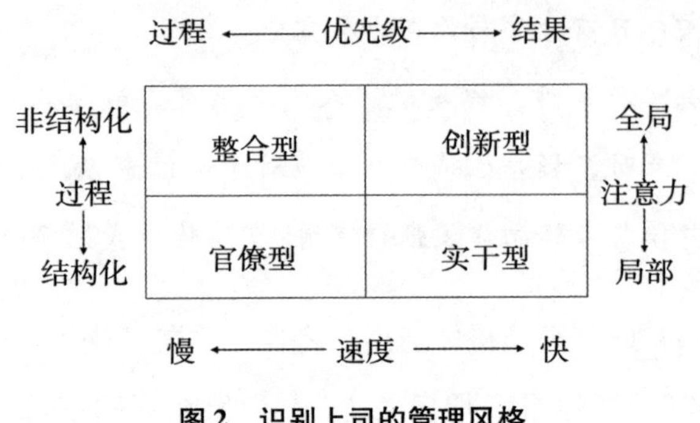

图2 识别上司的管理风格

1. 整合型的领导

这种类型的领导在基层比较少见，但高层比比皆是。他们的工作特点是动作非常慢，所谓“皇帝不急太监急”，一边思考一边做事，所以根本不按套路出牌。此类型领导非常喜欢关注过程，看问题倾向大局，喜欢用忍、拖的非常规方法解决一些棘手的问题。同时他们也常常非常娴熟地以少量局部利益换取整体利益。此种领导由于并不依赖流程，同时重视过程甚于结果，所以在掌握变革大局之时，显得得心应手。说得简单点，你好像没有看到他有什么动作，但是结果却总是偏向他的设计。

向这种领导请示工作，真的有些痛苦。他告诉你可以做，别当真，可能可以，也可能不可以。他告诉你不可以，别当真，你猜出来了，可能不可以，可能可以。

2. 创新型的领导

创新型的领导看问题有全局眼光，动作比较快，不喜欢按套路出牌，新主意、新点子比较多，想起来就做，但是答应得快反悔也快。

向这种类型的领导请示工作，即便他同意的事情你也要做好心理准备，你要防备他改主意。遇到领导朝令夕改，你只有接受，因为领导认为改就是基于更多思考之后的更好选择。但是他拒绝的事情，你就不要再争取了。因为此类型领导的底线非常清晰，说不行就不行了。

3. 官僚型的领导

大家不要对“官僚”这个词有误解，在管理学上官僚一词是个名词，不像形容词一样有褒贬之分。

官僚型的领导，做事一板一眼，遵守流程，按套路出牌，动作比较慢，相对谨慎，非常关注过程与细节，对待事情考量非常严密。

向这种类型的领导请示工作，他同意的事情你就放心地去做吧。因为这种类型的领导大多数受过良好的专业训练，比较擅长依据流程做出判断，所以他们对做出的决定比较有信心。

但受过专业训练甚而仅仅习惯于依据专业判断的人，往往又容易对否定和拒绝的原则底线有些犹豫不定。如果他给你的回应是不行，你也不必着急，这件事情还有争取回旋的余地。官僚型的领导在给你“不”的回答时，意思本身就是“可能不行”，当然“也有可能行”。

4. 实干型的领导

许多下级比较喜欢这种上级。因为他们做事不喜欢拖泥带水。许多影视作品中也把这种领导当作正面形象。这种类型的领导做事动作比较快，所谓雷厉风行，一切按规矩、流程做事，关注做事过程中的细节，也关注结果。

向这种类型的领导请示工作，你的感觉非常痛快，是，你就做去吧。不，一定不要越雷池半步。

你喜欢哪一种领导，创新型、官僚型、实干型，还是整合型？他们各有优缺点，跟上不同领导各有利弊。

这里需要坚决指出的是，不要过分推崇实干型，而过分贬低整合型。事实是，跟上实干型的领导非常痛快，但是不会有更好的发展。因为实干型的领导自身尚处于逻辑判断层面，难以应对更加复杂的局面。

跟上整合型的领导，每天请示工作都不得要领，云山雾罩，难免无所适从。但是你无法否认这是上级在面对更为复杂、更为难以掌控的局面时的正常反应。此类型领导没有给你他的明确判断并不意味着他没有能力判断，相反，他们是在以更为灵活的判断为今后不确定因素出现时预留了解决的思路与机会。

你是愿意跟上一位做事痛快，但要牺牲你前途进步的领导，还是愿意跟上一位每天都要开动脑筋思忖对策，但激活了头脑，获得更快进步的领导？

其实，把话说回来，我们根本没有权利与资格去要求上级属于何种类型。将自己的事情先做好，再学会判断领导风格，以合适得体的方式面对上级，这才是成熟职场人的应有表现。

这里再次给你一个建议：保持积极主动的态度为好。

一句陈词滥调用在这里非常合适，机遇总是眷顾那些有准备的人。

小李为人热情大方，很善于与各种各样的人打交道。在调到一个新单位后，他首先想到的是如何赢得主管的好感和赏识。在做了一番调查后，他得知主管为人处世比较保守，于是就毅然舍弃了长发、牛仔裤等时髦装扮，而以循规蹈矩的形象出现在上级面前。

在初步赢得上级的好感后，小李充分发挥自己热情、乐于助人、慷慨大方的优点，主动与上级交往，和上级成为朋友。小李并不是经常围着上级转，而是设法去顺应上级的性格特点。他的上级有一个最大的爱好——下围棋，于是，在围棋上刚入门的小李就苦练了一段时间的棋艺，然后频频在上级常去的一家俱乐部露面，并每次都是和上级一起对阵、切磋棋艺，在“棋来棋往”中，上级与小李成了好朋友。经过这样一番交往，上级水到渠成地了解了小李身上的优点和才能，在工作中对他委以重任，小李从而赢得了事业上的成功。

一个精明强干的上级欣赏的是能深刻了解他并知道他的愿望和情绪的下级。因此，作为下级，你必须存有这样的心理：你应该用心了解上级的一切，尤其是上级的好恶。这对你与上级的相处会有很大的帮助。

在你的周围，你的上级一定各有不同的好恶。要想在职场得志，必须得左右逢源、八面玲珑才行。要把这一点修炼到家，就必须在待人处事时用心了解对方，做到知己知彼，针对不同的人采用不同的方法，满足其心理需求，投其所好，这样才能使自己立于不败之地。和上级相处，首先要搞清楚他的兴趣爱好、了解其意图、掌握其心思。其次要注意察上级之言、观上级之色，摸清他的喜怒哀乐，分析他的心理活动，在此基础上对症下药，投其所好，尽可能迎合他的心理，满足他的需要。如此，你便能赢得上级的好感，使他有兴趣了解你的能力、考察你的才干，使你受到器重。

这其中，察言观色是关键。也就是说要根据上级的情绪变化调整自己的情绪；根据上级的性格和好恶，修正自己的处世方式，从而与上级建立起一种良好的关系。

不过，千万不要以为投上级所好只是一味迎合或阿谀奉承那么简单，而是要能洞察上级的个性与偏好，以及他们的心理需求，进而采取适当对应的配合行动或对策，方可显出功效。如果你的上级要求做事积极主动、不可拖泥带水，你就应该积极努力地有效完成任务；如果你的上级是个完美主义者，希望慢工出细活，那你就要注意工作中的细节，尽可能把工作做得尽善尽美。

那么，如何把握上级意图？中国有一句古话：“察先机而动者胜！”为了更好地理解这句话，在这里举一个例子吧！

中石化为什么大量收购加油站

2001 年，曾经有一家管理咨询公司有机会为中国石化下辖的某一单位做管理咨询项目。在项目前期调研中，咨询人员发现当时中石化的员工对中石化高层决策大多心存不满。主要非议是中石化在国内资本市场与国外资本市场赚得盆满钵满，但大量的募集资金却被用于两件看似无聊的事情之上：一件是买断老职工工龄，令其退休回家；另一件就是疯狂地收购加油站，致使加油站价格一路上涨，多花了太多的冤枉钱。

事实是怎样的呢？员工的非议是否有道理呢？

谜底或许比较容易揭开，让我们回到 2001 年就不难理解了。

2001 年，中国加入了 WTO（世界贸易组织），在中国全面加入 WTO 之时，中国能源企业将如何面对国际能源巨头的挑战呢？

全方位竞争，可能不行。那时对于中国能源企业而言，资金的缺乏与资源的缺乏情况十分严重。今天看起来可能情况已然有所不同，但那时中国在 2002 年时 GDP（国内生产总值）才刚刚突破 10 万亿元，中国能源企业的资金明显不足。同时，中国能源企业那时在海外扩张的事情上进展太慢，在国际势力重新瓜分油田资源上未获利益。再加上逢炼即亏的内部管理问题，欲全面抗敌恐力不从心。

细分市场进行较量，当然不行。从企业自身角度而言细分市场进行较量或许不失为一种理性选择，但对于中石化这样的企业则不可想象。

“中”字头的大型国企，除担负自身发展责任之外，还需要承担国家安全的社会责任。试想，细分市场，放开大面积的中国能源市场交给外国能源企业，自己仅仅局限在狭小领域实施对抗，一旦国际形势发生风吹草动，甚至战争爆发，谁又能保护中国能源安全呢？

放弃竞争、全面投降，绝对不行，理由无须叙述。

只剩资本合作了。通过资本合作实现对于海外油气田资源的占有，通过企业联合学习先进经验，克服自身管理能力不足，此不失为一举多得的妙招。问题是，想与人合作，人家凭什么愿意与你合作？

资本运作界有一名言："你能够兼并别人，说明你有实力。你能够被别人兼并，说明你有价值。"中石化的价值在哪里？我们将能源产业链条梳理一下便可知晓：在开采方面，在国内尚可，国际上无资源；在运输方面，同上；在炼化方面，历年亏损；在销售方面——只有销售了，尤其是在国内成品油销售方面——这可以说是中石化最后的优势所在了。

当然中石化的状况在中石油身上同样存在。油品销售大体分为两种方式，即大宗销售（类似中航油）和加油站油枪销售。

事情变得清晰了。无论中石油还是中石化，如果能够理直气壮地一拍胸脯大喝一声：我拥有中国最多的油品销售终端，诸位国际能源大鳄可以与我合作，也可以不与我合作。当然，不与我合作的后果就是可能在销售方面受制于我。如果真的是这样，谁在中国拥有的加油站最多，谁就抢占了与外国能源巨头合作的先机，谁就垄断了能源行业必备的环节资源。

原来，中石化拼命收购加油站是基于对抗挑战的战略思路。

现在清楚了吗？如果你是当年中石化的一员，你会觉得非议领导决策有道理吗？如果能够认真思考一下单位决策，仔细分析一下组织发展道路，上述非议怎么可能会出现呢？事实证明，洞察先机真的重要。

除了分析职场决策之外，再给你一个建议：换位思考。

单位里的秘密往往一级瞒着一级。我们的心得是，要想让一个人尽快成熟起来，让他当领导，站上一定高度之后可能会让他看清楚更多的东西。为什么我们与上级总也想不到一起去，原因是看的东西不一样，想的东西自然也不一样。如果我们可以与领导换位思考，设想一下你在领导的位置上，你当如何？相信换位思考会帮助你更好地了解领导的真实意图。

无法开除的财务部经理

人物：大旭

经历：大学教师出身，后来服务于政府部门，两年后被外调至一家外资企业挂职。这段故事就发生在大旭进入外企之后。

当年一家外资房地产公司进入我所在的城市设立分公司，划下地块既不交钱也不动工，每每政府催促便告之市场环境不好。后来我被推荐进入这家公司任职领导班子成员之一，力促项目尽快上马。

当时这家公司拥有不同于其他房地产公司的套路：规划项目获国家建设部示范工程奖，拥有多项科技智能住宅技术国家专利，同时获批高新科技企业。在公司内部工作人员也大多为本科以上学历，同时拥有诸如国家注册建筑师、国家注册造价师、国家注册会计师等职业资格，个人职称均高于中级以上。可以说这是一家以知识分子为主的房地产开发公司。

但是在公司内部，有一位仁兄显得与众不同。此君位居财务部经理一职，但手下财务人员对其业务评价为“狗屁不如”。此位仁兄号称毕业于北京大学，但公司中人无一人感觉他有北大毕业生的味道。

你问我北大毕业生什么味道？

网上有一传播甚广的文章《中国大学论》，此文中曾借一位国企老总之口揶揄北大毕业生：“除了本专业，什么都懂。”

在我看来，北大毕业生懂不懂本专业我真的无权评价，但我认为北京大学是当代中国大学当中文理科相互渗透最好的大学，所以这所学校的毕业生不敢说个个学富五车，但是知识面极宽应该是不争的事实。与他们在一起聊天，似乎没有哪一个方面的话题没有他们发言的机会。但是那位号称北大毕业生的财务部经理堪称“另类”。只要公司里同事在一起聊天，他只有眼巴巴在一边观战的份儿，谁都看出他想主导话题，问题是他连插话的本事都没有。

我无限好奇，于是偷偷看了一下他在公司的存档资料。此仁兄真的是北大毕业生，不过要加上几个字——北京大学函授学院。相信此位仁兄此生连北大大门是什么样都没有见过。此仁兄虽然本事不大，但是能量不小，在公司内部深得总经理器重，于是众人皆称其为“小人得志”。不过依我看来，此仁兄之所以被总经理器重，则真的不是“小人得志”，而是专做“小人之事”。

当时公司对上班考勤有严格规定，迟到即罚。但是大家都知道，让知识分子们严格遵守作息考勤制度则勉为其难。不过但凡有人上班迟到一会儿，定会被他记上小本，下月工资必定少上几百元。

公司规定，工作期间禁止玩电脑游戏，当然那时的电脑游戏也仅仅为最简单的挖雷游戏。但在我公司内不乏个中高手，据说最快纪录为挖全99颗地雷耗时91秒。相信大家都了解，知识分子们的工作习惯是熬夜赶东西，所以白天难免精力不济。再加上公司项目常年不动工，为维持公司运转的虚假现象，所谓的“前期准备工作”大多是一些毫无价值的“无用功”。料定大家早已心知肚明，所以白天的工作当中便也无精打采，偶尔几位挖雷高手倡议对决，诸位便群情激昂，欢声雷动。但每每此时，财务部经理大人便会不合时宜地出现。

他曾经不断自我吹嘘，本人是一位电脑高手之中的高手。他曾听说电脑如果断电未及时存盘的资料会丢失，所以他常常偷偷潜入，突然大煞风景地按下按钮，高呼“我让你存不上盘”。

众人皆怒目相向，但随即哑然失笑，因为他每次按下的都是显示器电源。

还有，公司当时曾有一大家比较无法理解的要求是，无论一年当中什么季节，上班时必须西装革履，衬衫加领带，即便夏日空调坏了也不可破坏规矩。

对于尚未将着正装当成习惯的人而言，偶然脱下外套也是时有发生之事。但这一举动一旦被财务部经理发现，名字便赫然列入他的小本子，下月发工资，我的天哪，又少了几百元。

此等行为如何能够不犯众怒？但每每有人将对财务部经理的不满上报于总经理，毫无例外地遭到一顿劈头盖脸的痛骂，惶惶败下阵来。

众望所归，该我出手了。

请我出手的原因，一方面在于我从政府而来，大家都要给我一些面子。另一方面是总经理曾经做过我老父亲的学生，师兄弟之情谊他必须有所考虑。

重任在肩，是我挺身而出、为民除害的时候了。

当然要做就要有韬略，否则辜负了我的多年苦读。

先找到财务部里的会计，将财务部经理近几个月以来所有报销账目清查一番，如有违纪报于我。

会计们干劲冲天、加班加点、任劳任怨，不出几日便呈报上来相关问题，清晰记得A4幅面的打印纸，小四号字整整四页纸。

担心力度不够，遂再三询问："够开除吗?"

回答曰："几个来回都够了。"

于是在一个无人注意的中午，本人昂首进入总经理办公室，将手中材料往桌子上一拍，对总经理说："你看着办吧。"

总经理满腹狐疑拿起材料，看了看脸色就变了。直至全部看完，总经理把材料往桌子上一丢，冷冷地一笑，对我说："你小子也会整人了。"

我有些不自在，争辩说："为了生存嘛。"

总经理说："给我一个月时间吧，一个月之后我俩再聊这件事。"

我兴高采烈地走出总经理办公室，因为我觉得他给我的暗示已经非常明确了，因为集团规章制度规定，开除一个人需提前一个月通知。

周边渐渐聚拢了一些人，他们都是来打探情况的。

我骄傲地一挥手，放心吧，他蹦跶的日子不长了。

众人皆做兴奋状，且对我做崇拜状。

但是鬼知道为什么，过了一个月，那哥儿们没走。

我挫败、郁闷，直至抑郁。

一日下班，总经理对我说："你今晚有事吗?"

我答曰："无事，候您差遣。"

总经理示意我进入他的办公室，特意嘱咐我将门锁锁上。

总经理问我："关于我的调动，你听到什么消息没有?"

我摇头。

总经理说：有高层征求他意见，欲调他到境外总部任主管营销副总裁。问我该怎么办。

我回应："这不是你日思夜想之事吗？迅速应允走人吧。"

总经理问："如果我走，你认为谁担任北方区总经理一职最为适合。"

我抿嘴一笑："这个问题由我亲自回答不太合适吧。"

我二人均大笑。

总经理说："我早就看出你小子的狼子野心了，我也觉得你最合适。但是你要告诉我，你当上总经理之后，你第一件事要做什么?"

我毫不犹豫地说："把那个哥们儿开除。"

总经理说："你开除不了。如果你想开除他，你就没有能力做这个总经理。"

我错愕，口中吐出谁都能想到的三个字："为什么?"

总经理问："如果你开除了他，公司内人员迟到谁管?"

"我管。"

"公司内有人打电脑游戏谁管?"

"我管。"

"公司内着装不规范，谁管?"

"我管。"

总经理说："你管不了。"

"为什么?"

"因为你是知识分子。"总经理接着说，"一般的经验是，两个知识分子见面，头25分钟两人都在相互较量。一旦有人感觉自己败下阵来，他不会觉得心悦诚服，他要做的是再找一个机会，赢回自己的面子。这就是知识分子，彼此有礼貌，无尊敬。因为知识分子从来不惧怕知识分子，所以想让知识分子管知识分子，难上加难。"

"那让谁管?"

"秀才怕什么?"

"兵。"

"知识分子怕什么?"

"不知。"

"怕疯狗。"

"为什么?"我再次丢人地说出这3个字。

"因为知识分子喜好讲理，而疯狗从来不讲理。你想跟它讲，它也听不懂。所以知识分子遇到疯狗只有远远躲开，然后无能地为自己开脱一句：穿新鞋、不踩——那什么。"

"哦——"我似乎明白了一点儿。

接下来总经理的一席话让我振聋发聩。"那位财务部经理就是一条疯狗！我们公司内部只有他才能真正控制好这些琐碎的事情。上班时间紧张，你跑两步就不迟到，不跑就迟到，你突然想起他，你自动自觉就开始跑了。上班期间你非常想玩电脑游戏，突然想起他，你就不再想玩了。你非常热，几乎习惯性地脱下西装，突然想起他，你就会重新穿上西装。我养了一条疯狗，激活了整个公司的办公秩序，你明白吗？在一个知识分子成堆的地方，难能可贵的是有一条不同于其他人的疯狗，留下了他，就等于维护了公司的生态平衡。你懂吗？"

我醍醐灌顶，心中大叫："总经理高哇。"

这个时候，我突然想起来有名的"鲇鱼效应"：北欧的渔民到远海捕捞沙丁鱼，但满仓鱼到岸皆死。虽然渔民想尽办法，但依旧成效不明显。后来有人将几条鲇鱼置于沙丁鱼群当中，鲇鱼钻来钻去，沙丁鱼纷纷躲避，船到岸时反倒全部存活下来。这个"鲇鱼效应"与我所在公司的情况可谓异曲同工。

总经理继续解释："我们公司多年前圈下土地，但几年下来一铁锹土都没有动过，钱更没有交过。政府相关部门凭什么要继续相信我们？是我们表现出的公司职业化的面貌帮了我们的忙。想一想，如果公司管理一盘散沙，与别的公司没有什么区别，人家早就对我们丧失信心了。记住，在职业场所不要简单地以人品标准衡量别人。要看一个人的存在是否对公司有价值。你到现在还只会以简单的原则评判别人，心胸无法包容更大的格局，你认为你有本事当好这个总经理吗？"

我彻底折服。

若干年后，我早已离开那家公司多年，我曾打电话给我当年的秘书，听说这个公司期间已经换过 3 任总经理了。我问："那哥们儿还在吗？"

"在呀。"

"总经理现在在哪儿？"

"被开除了。"

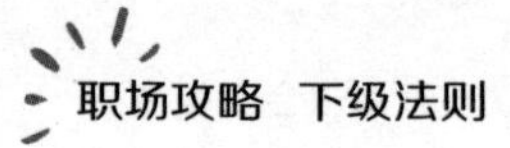

我无语了。

大旭的故事讲完了，通过这样的故事，我们应该承认也应该接受，职场是一个非常有趣的地方，站在不同的位置，看到的风景、关注的地方就是不一样。只有学会换位思考，以同理心判断如果你站在领导的位置你该如何判断与行动，才可能感同身受领导的真实想法与意图。

就那位财务部经理而言，相信所有站在总经理位置上的人都会发现他的价值。那位总经理可谓人中枭雄，但是他要是还有上级，问题就来了。一个自认把什么都能看清楚、想明白的人，难免先入为主，欠缺对他的上级的同理心，当不愿甚至不甘领悟他的上级意图之时，下场还用说吗？

既然说到下级要保持积极主动的态度，从而更好地领会上级意图，那就给你一些提示吧：一是要求，要长点悟性，能够举一反三；二是方法，知己知彼，换位思考；三是注意，不要就事论事，要一眼看到底。

关于领会上级意图，再给你一个建议：要正确理解把握上级的真实意思。

领会上级意图非常重要，但前提是要领会得对。如果领会错了，更可怕的是积极付诸了行动，造成了不必要的后果，相信上级绝对不会为此替你承担责任。上级会奖赏你一句话："我什么时候叫你这么干了？"本来领会上级意图就有"猜"的意思在里面，猜错了后果只能自己承担，这还有什么好说的呢？

那么，怎样让自己少犯或不犯错误呢？建议你在接受上级指令时最好能够用自己的话把上级的命令重复一遍。为什么要用自己的话重复呢？因为曾有心理学家发现两个人之间在交谈时，往往是你说你的，我说我的，每个人理解的对方的谈话意思都是自己希望的意思，而可能不是对方的真实意思。

我从哪里来的

有个4岁的小男孩名字叫丁丁。有一天丁丁从幼儿园回家显得特别兴奋："爸爸，我有个问题问你。"

"说，你爸爸没有什么问题不能回答。"

"爸爸，爸爸，我是从哪里来的？"

爸爸一时间"石化"了。突然灵机一动："这个问题归你妈妈回答。"

"妈妈，妈妈，我是从哪里来的？"

妈妈崩溃了。突然灵机再动："这个问题归你爸爸回答。"

"爸爸，爸爸——"

"问你妈去。"

"妈妈，妈妈——"

"问你爸去。"

几个来回之后，丁丁赌气地往边上一站："我再也不问了。"

年轻的父母顿时觉得事态严重。

一个4岁的孩子为什么要问这个问题？告诉孩子生命的秘密是必需的，这个问题虽然迟早要问，但是4岁就问明显太早了。我们猜肯定是班级来了不好的小朋友，教我们孩子思考这个不该思考的问题。我们非常有必要跟孩子聊一聊，把那个坏孩子找出来，明天告诉老师把他开除，不让我们的孩子受到精神污染。于是年轻的父母决定找自己的孩子谈一谈。

"丁丁，爸爸妈妈问你一个问题好吗？"

"我不回答。"

“乖乖的，回答了爸爸妈妈的问题，爸爸妈妈才会回答你的问题呀。”

孩子噘起小嘴往父母身前一站。

“丁丁，今天为什么要问你从哪里来的这个问题呀?”

“今天，我们班上来了一位新的小朋友。”

父母相视一笑，果然。

“今天，我们班上来了一位新的小朋友，我们问他从哪里来的，他说从四川来的，所以我也想问我从哪里来的。”

丁丁的父母只有抓狂的份儿了。

由此可见，别人说的话，你一定能听懂吗？还是用自己的话重复一遍吧！用自己的话来说是为了让上级看看你理解的是否正确。如果正确，请上级给予确认。如果不正确，请上级给你纠正。在这个基础之上，再来与上级探讨完成这件事所必须投入的权、责、利。

针对这个建议，再给你一些提示：一是要求，要多问一句；二是方法，遇到难点弄明白，化抽象为具体；三是注意，不要不懂装懂、不要自己吓自己。

第二式

动起手：执行上级决定

（修炼要领：做事）

领会了上级意图，仅仅是职场当中一切要务的前提。告诉你一个秘密，有时上级并不特别记恨不明白事情的人，他认为下级暂时不明事理在某一时段之内尚可原谅，未来经过一些历练或许会好。上级的心中最痛恨的是什么都明白但就是不愿意去落实、去完成的人。

明白了就去做吧。不过在做之前，有个问题非常关键，要弄清楚。比如，一位上级找你谈话，对你宣布：根据单位需要，根据个人表现，经过征询其他领导、同志们的意见，决定提拔你为什么部门的什么职位。这个领导的表态是代表个人，还是代表单位？

这个似乎需要解释。因为一个单位一定需要有一个人代表组织发号施令，所以在职场中不要把一位领导看成一个简单的自然人，而要把它看成组织的代表、单位的化身。上级的决定代表组织，执行组织的决定还有问题吗？好吧，再说一次：明白了就去做吧。

那么，怎么做呢？在做之时，有几个建议给你：做事要迅速，不要拖泥带水；及时报告工作结果；尽可能减少过程中的请示。

做事要迅速，不要拖泥带水

为何做事要迅速？俗话说，磨刀不误砍柴工。现代管理理论告诉我们，要先想如何去做，再去做。

有冲突吗？磨刀和砍柴没有冲突，因为磨刀属于做事的基础准备工作，而职场中的提早准备不就是让执行上级决定变得更迅速吗？先想如何做，再去做。二者也不冲突，因为事先筹划本身就是执行决定的一部分。

我们在这里提到的做事要迅速主要针对三种不良倾向：不重视，有畏惧，太想做好。

先说说不重视吧。难道真的需要再重复吗？上级代表组织，上级命令即为组织指令，身为组织中人，有何理由不去执行呢？组织是你安身立命之地，这个地方养育了你，你怎能不去为了组织做事？此举涉及职业道德。

再说有畏惧吧。可能有些职场中人感受到了执行的难度，故心生畏难之情，推三阻四，畏刀避剑。此举涉及职业能力与勇气。

以上两点比较容易被人们发现，最易被人忽略的就是太想做好了。此类情形的发生多源于某些人的完美主义倾向。太想将事情做好，太在意做好之后有可能带给自己的诸多好处，于是踌躇不前、瞻前顾后。有时完美主义倾向真的害人不浅呀。当一个人太过于追求完美，尤其是太过于追求自己力所不逮的完美时，最终结果极有可能竹篮子打水一场空。

“海龟”的资本梦

十数年前，正值中国资本市场对于网络、生物制药、高科技概念公司狂热追捧之际。某君从海外归来，携带据说意义重大的生物制药处方，注册公司之后便开始广发英雄帖，广泛筛选投资者。

消息一出，应者云集。在那个轻信“概念就可以赚钱”的时代，实实在在的由国外回流的生物制药处方无疑可以最大限度地撩拨人们亢奋的神经。

一圈投资客谈过，报价便达数百万元。某君煞是惶恐，对于自小“苦大仇深”的某君数百万元不啻天文数字。但某君努力地克制着自己的冲动，又进行了第二轮的洽谈。结果水涨船高，数额已逾千万元。某君很激动，他似乎感到自己的一生就此可以搞定了。

某君依旧努力压抑兴奋之情，他相信还会有更好的价格等着他。于是接二连三地再谈。一千万元、两千万元，最终达到三千万元。某君认为时机成熟了，因为三千万元是他最初做梦都没有想到的价格。某君知道适可而止，知道见好就收，于是双方拟订合同，准备签字了。签字时间定在某一日的下午两点。

中午时分，某君早已穿戴整齐，准备迎接他迄今为止最激动人心的时刻。下午一点，一位好友电话打来，有人想出五千万元，谈判定在下午三点。某君意志再坚定，也难以抵御两千万元差价的诱惑。虽稍作迟疑，随即决断：暂缓签字，再谈一次。在一生或许最为重要的一次生意交换上，某君希望获得更完美的结果。

想必你猜到了结果。不过可能与你所猜稍有出入。五千万元轻而易举地谈成了，但是没有签字。因为每谈一次合作便会结识一帮新的朋友，一帮新的朋友会打开一个崭新的人际圈。听说某君准备以五千万元出让最新最尖端的生物制药处方，另一群资本市场捕猎者闻到血腥之气纷纷出手。他们对某君苦口婆心，谆谆教诲，大体之意为“我才是真正懂行的‘知音’”“我才是真正舍得的‘厚道之人’”“资本运作就像结婚，千万不能嫁错人”“他们给你多少，我会更高”云云。

在这种情况下，即使某君再有定力，恐怕也难以抵挡一轮又一轮的新的冲击。某君难免犹豫，因为总是有更完美的结局展示在未来、在明天，所以他对今天的道路有些彷徨就显得很正常了。

某君再次进入一轮又一轮的“这山还比那山高”的洽谈之中。那一时期，某君天天沉浸在无限幸福之中，总是会对未来即将出现的场景激动不已，唯独忘却了一句至关重要的话：活在当下。

某君早已被各种报价搞晕了。时间又延迟了一年，某君始终因为有更好的报价而放弃谈好的合作。虽然始终没有签下任何一家，但某君的谈判已经进入到了“一亿元以下免谈”的水准了。

时间进入到了2000年下半年，原本万众期盼的资本市场“创业板”并未如愿开启，以网络、生物制药为代表的高科技概念也开始“退烧”了。原来人们几近疯狂地认为“概念就可以赚钱”，2000年下半年时人们才冷静地认识到，只有概念并不重要，重要的是要有“赢利模式”。

你想到了吧？是的，某君倒霉了。长期将精力关注于资本合作，某君的企业基础严重不牢。在市场热度转为关注赢利水平之时，欲想在短期内由炒作概念转向获取实实在在的利润数字，某君当然做不到。最终在没有最完美，只有更完美的诱惑之中，某君丧失了或许是他人生当中距离理想生活最近的一次机遇。

一步赶不上，步步赶不上。在追逐新的完美人生的过程当中，某君出局了。

我们不愿以嘲讽的语气来讲出上面的故事（这个故事是真实的），更无意于以幸灾乐祸的心态评价某君。针对某君，我们的心里是遗憾的，我们说出这个故事的目的无外乎是要告诉你，太过于追求一种所谓的完美，其结果很有可能适得其反。

内心过于执着，结果未必如愿。怎么办？如果你需要一个建议，那就是：先做嘛。完美可能是100分，你做到的或许只有70分，那又怎么样呢？如果你紧紧纠缠于想获得100分而放弃可能的70分，那么结果很有可能是你一分都没有。

有一句话挺重要的：做到是做好的前提，先做到，再做好；先僵化，再优化，未尝不是一个好办法。

哲学领域有一个命题：次优的累积可能是最优。

试想一下，一个人万事都要强出头，事事都要名列前茅，次次都要勇争第一，结果呢？你从小学到中学再到大学，永远在班级里面排名第一的那个人一定是最后最有出息的那个人吗？大多不是。衡量是否成功的标志是长跑的结果。人生的幸福是累加的结果。

陈旧的问题与思辨的学生

某日，老师在课堂上想看看一名学生智商有没有问题，问他：“树上有十只鸟，开枪打死一只，还剩几只？”

他反问：“是无声手枪或别的无声的枪吗？”

“不是。”

“枪声有多大？”

“80～100分贝。”

“那就是说会震得耳朵疼？”

“是。”

“在这个城市里打鸟犯不犯法？”

“不犯。”

“您确定那只鸟真的被打死啦?”

“确定。”老师已经不耐烦了，“拜托，你告诉我还剩几只就行了，好吗?”

“好的，树上的鸟里有没有聋子?”

“没有。”

“有没有关在笼子里的?”

“没有。”

“边上还有没有其他的树，树上还有没有其他鸟?”

“没有。”

“有没有残疾的或饿得飞不动的鸟?”

“没有。”

“算不算怀孕肚子里的小鸟?”

“不算。”

“打鸟的人眼有没有花？保证是十只?”

“没有花，就十只。”

老师已经满脑门是汗，且下课铃响，但他继续问：“有没有傻的不怕死的?”

“都怕死。”

“会不会一枪打死两只?”

“不会。”

“所有的鸟都可以自由活动吗?”

“完全可以。”

“如果您的回答没有骗人，”学生满怀信心地说，“打死的鸟要是挂在树上没掉下来，那么就剩一只，如果掉下来，就一只不剩。”

老师当即晕倒。

我们设想一下，你就是那位老师，你就是一位上级，你安排下级执行工作，他要你做出极其明确的界定，你当如何？让我们把话说得赤裸裸的——领导在安排下级工作之前，也未必就把所有的边际条件考虑清楚了，有些事情是边做边总结的。你想在做之前就一清二楚，怎么可能？抱定此等心态，只能彼此尴尬。

在职场上，做和不做的差距非常悬殊。做点什么总是强于什么都不做，最起码人们对你的评价就不一样。接下来人们才关注的是“做好”与“做坏”。如果“做”与“不做”表明的是“意愿”的问题，“做好”与“做坏”表现的则是“能力”的问题。人们惯常的思维是认为能力可以通过培养与训练得到提高。意愿存在问题则相对让人比较反感，不愿涉及其中，无法轻松置评。

换句话说吧，如果领导认为你存在“意愿方面的问题”，相当于在领导心里将你宣判了“死刑”，最起码也是“死缓”。上级一般认为这种人不可救药，不愿在你身上再下苦功夫了。相反，如果上级认为你的问题出在了能力方面，情况就不一样了。他首先感觉到你威胁上级的可能性相对较低，同时，他或许会出于“同情弱者”（或者管他什么其他理由）的想法去关注你，想着为你提供一些机会去补强你的能力。如此看来，还用再说下去吗？上级的关注，就是下级的福利呀。

还有一点必须明确提出，希望做得更好而贻误战机，你也就错失了提升自我能力的机会。事实上，人之进步与否在于是否有机会。有机会你才能学习、进步、表现。不完美只是没有特别“出彩”的表现机会，但丧失了学习、进步的机会你就再也没有机会表现了。

还有一句话不得不说，在职场当中，你只是一个整体当中的一分子，你的工作也只是浩大工程当中的一个组成部分。有了你的这一部分，其他的工作才能组合成一个完整的部分。如果仅仅因为你的犹豫不决、瞻前顾后，而影响了整体工作的进度，致使组织目标无法达成，那你可就是罪过大矣。

放下吧，心中蠢蠢欲动的完美洁癖；承认吧，现实的局限与自我能力不足，悦纳自己的行为结果吧。只有先做到，才有可能再做好。

及时报告工作结果

好了，迅速做了，过程当中还有什么建议吗？当然有，那就是在做事之后，及时报告结果。

职场中我们经常看到这样的场景。

上级急切询问下级："那一天交代你的事情，办得怎么样了？"

下级自豪地回应道："早就做完了。"

事情大功告成，上级应如何面对下级呢？出乎意料的是，涵养好的上级会略带责备地对下级说："你该早点告诉我呀。"不愿控制脾气的上级可能脱口而出一句："做完了你为什么不汇报！"

无论如何，成功完成上级交办的工作，不辱使命，这是应该获得上级褒奖的事情，但为何会招致上级训斥呢？原因就是汇报不及时。汇报不及时本来是小事一件，这与做成事情的难度相比孰大孰小，领导心中应该有一杆秤衡量，那为什么上级要大动肝火呢？还是让我们试着换位思考吧。

假如你现在就是一位上级，当你指示下级去处理某件事情时，优越感强的说法叫"布置"，冷静地判别应该用另外一个词可能更贴切——"托付"。下级是被上级托付之人。下级将事情是否做成，从上级那里带优越感的说法是据此考核评价下级的办事能力。冷静客观地承认，下级的工作结果是上级成果的一个重要组成部分，上级也有上级，上级同样也需要将下级的结果汇总成为成果报于上级的上级。上级指令下级做事，经过漫长的心理等待、心理煎熬之后，苦苦等候但仍无结果，上级的内心焦虑可想而知。

再有，假如你是上级，你不可能只有一位下级，你不可能只有一件需要这一位下级实施的工作。上级与下级的不同在于手中掌握的线索更多、工作面更宽、局面更复杂。所以上级在错综复杂的局面之下，需要统筹安排、次递渐进，毕竟许多工作的结局是下一项工作的开启条件。如若此时安排于下级的工作迟迟没有音信，你就不知道该不该启动下一项工作，势必造成资源浪费和“窝工”情况的产生，更有甚者，极有可能贻误战机。

怎么样？现在将上级换成是你，遇此情形，你当然也难压怒火。

记住了吗？要及时报告结果。

什么叫及时？如果非要一个明确的时间要求的话，那就是在你完成上级交办的工作之后，最迟要在半天之内向上级报告，这个时间限制不要超过了。

尽可能减少过程中的请示

执行上级决定，还有一个建议给你。可能有悖于你的常识与习惯，但真的有用。这个建议是：尽可能减少过程中的请示。

请注意，请示不同于报告。报告针对的是结果，请示针对的是过程。报告是让上级知晓，了断一桩心事；请示是要求上级指导，开启一桩心事。报告是告之已经解决难题，请示是上交难题。

听完了报告，上级知晓结果，心情愉悦。听到请示，上级知道事情未能顺利推进，心情沉重。上级为什么听到报告会高兴？因为他知道这件事情终于可以了结了，告一段落了。上级为什么听到请示会难受，因为他知道下级之所以前来请示，一定是两种情况：其一，事情未按预期进展，下级不知如何处理，需要额外资源支持；其二，存在阻碍事情顺利推进的因素，下级能力不足需要上级付出计划外的支持。无论何种情况，都意味着上级需要增加额外的负担。

我们不回避有些上级喜欢下级请示，因为被下级依赖使得某些上级产生成就感。也有些领导有“保姆心态”，生怕下级失去指导后会迷失方向，走错路途。但冷静分析你会发现，此类上级大多局限于基层领导，关注于具体操作性事务为多，自身尚且未能有高瞻远瞩的机会，未来对下级的提携难免勉为其难。

其实，一位有心机的上级往往不乐于接受下级频繁的请示。因为领导心中存有一种秘而不宣的心思，面对下级请示，总会有些惶恐不安。

请想象这样的画面：

一位一袭正装、手提公文包的男士被蒙上双眼站在一个标靶之前。这个标靶可能是枪靶，也可能是箭靶，反正怎么看这个标靶是要遭受重力攻击的，还站在标靶前面的人无疑将要遭人暗算，情形岌岌可危。

这位可怜的即将遭到陷害的人就是我们的上级（至少他的心中如此认为），而可能陷他于深渊的人就是他的下级，攻击的手段就是请示。

有这么耸人听闻吗？当然，因为从上级角度来看，他会认为请示等同于三种极其危险的东西：拒绝、陷阱和依赖。

先来说说“请示＝拒绝”。

什么是管理者？著名的一代管理学宗师德鲁克先生曾经一语中的：“做事，通过他人。”作为一名上级领导者，他需要将团队的目标分解为若干个小目标，然后根据实际情况将不同的小目标落实于团队中不同能力、特点的个人身上。接下来领导可以通过指导、培训、监督等手段促成部属将任务完成，最终实现小目标的全部达成，从而实现大目标的完成。

上级需要对团队目标负责。负责的方法是分解目标，落实于每个下级。上级需要做的不一定是自己亲自冲锋陷阵，而是督促下级完成工作。分解目标之后上级需要再去考虑更为重要的未来事宜。但是，如果上级辛辛苦苦将工作分解，分给每一位下级之后，事情并未告一段落，下级依旧要通过不断请示的方法骚扰上级，上级情何以堪。

管理学有一句铁律：永远没有被管理者的问题，永远都是管理者的问题。如果依据这句铁律判断，上级难免郁闷至极。下级不断请示，无外乎再次归结为“意愿”与“能力”两个方面。无论什么原因使然，上级都注定要在下级请示的问题上背黑锅。

——如果是因为下级自身特点不适宜此项工作需要请示，说明上级未能识人善用，上级犯有疏于体察之过。

——如果是因为下级能力不足需要请示，说明上级未能对下级及时培训，上级犯有工作未能尽责之过。

——如果是因为培训之后下级能力未能尽快提升而需要请示，说明上级工作手段、方式方法有待提升，上级犯有能力不足之过。

——如果是因为无论如何，下级均因各种原因无法履职，培训与否都无法改变现状，说明上级未能将不合格人员及时清理出团队，上级犯有姑息纵容之过。

只要下级一去请示，就等于用圈套将上级置于不仁不义之境地。此现象在其他旁观的一些心术不正的人口中难免成为上级操控团队不力、能力不胜任的说辞。所以，每一位心理敏感的上级都非常认真地对待下级请示之事、下级请示之人，担心是否因为请示之事沦为被人挖苦的主角。

看到能力带来的问题之后，更要关注的是意愿的问题。上级将任务分解后分给一位下级，下级马上向上级请示。只要存在请示，我们便可以认定工作未能顺利完成，工作在下级手中还处于“待处理”状态。同时，下级也会在请示当中等候上级意图的时候无所事事，偷懒休息。

上级本已经在最初分配任务之时与下级进行了必要的沟通与交代，转瞬间问题重新回到上级那里。如果上级再度辛苦筹划将问题妥善协调后再一次分配给下级，下级再通过请示将问题交给上级，那么问题的位置就显示为始终在上级这里，下级一身轻松。

显然的问题是，“问题”不是足球，可以踢来踢去。上级把问题交给下级，下级再踢回上级这里。如果一对一还算幸运，如果是一对多呢？设想一下，1 位上级拥有 10 位下级。上级一人站在中间，10 位下级站成一圈。上级把 10 个足球分给下级，下级同时把 10 个足球踢向上级。如此循环往复，那么会是个什么局面呢？上级可能早已面目全非。

想到这个局面，我们应该可以想明白了：在上级心中，下级是极有可能通过请示从而将工作交还上级，变相拒绝上级分配的任务。理解到这个层面，知道问题的严重性了吧。

还有更严重的——上级还会将下级的请示看成是对于上级的陷害。

再来说说“请示 = 陷阱”。

上级与下级工作关注点不同。就工作性质而言，上级涉及的事务必定比下级宽，但就具体事务而言，下级无疑应该比上级涉及得更深一些。让一个对这件事情了解更深的人向一位掌握情况不如他的人请示，你觉得正常吗？

让我们借用李军的故事来探讨这个问题。李军曾因为经验丰富被聘请为管理咨询公司高级管理咨询师，为十余家企业提供咨询服务。这个故事出自李军为一家企业提供咨询服务时发生的事情。

管广告的经理人

当今中国很多企业当中有一个职位的任用非常敏感，这个职位就是企业广告主管的职位。因为今天中国的广告行业从业人员良莠不齐，各种非规范化的竞争手段层出不穷，所以在这个岗位上的人往往时间不长就要“中弹下马”，企业领导也往往对这个岗位上的人员心怀戒备。

上述现象在我提供咨询服务的企业当中普遍存在，但是有一家企业属于例外。这家公司的老板其实是一个比较敏感、缺乏安全感的人。公司内一些人的不良行为也曾让他大吃苦头，所以他比较不相信别人、对人非常谨慎。单就公司内广告主管的这个职位来说，他几乎每半年就会更换一次主管人员。

后来随着一个年轻人的到来，这种情形发生了变化。

这位年轻人从外地来到这家企业所在的城市打工，并且在应聘时拿出众多以前在其他单位主管这项工作时候的工作范例来佐证他的工作能力。这位年轻人所表现出来的专业性让老板深为所动。于是老板让这个年轻人在广告主管的岗位上工作了近三年的时间。这在这家公司的历史上是史无前例的。

我曾经与这位老板聊过这个问题：为什么突然变得相信别人了呢？老板的回答让我感觉有些新奇。

老板说，这个岗位上谁干其实我都不相信，唯独这个年轻人干我会放心。原因是：①这个年轻人家在外地，在本地人生地不熟，少了很多关系纠葛，这是做好工作的前提。②这个年轻人过往的工作范例表明，他在这个工作岗位上有着比较丰富的经验和比较好的能力，这是他做好工作的保障。③最关键的是，他工作以来的一贯做法让我非常放心，不会出事。

当我问到这个年轻人的什么做法会让老板如此放心时，老板给我介绍了如下的情况。

这是一家房地产公司，每年会有大量的费用花在广告宣传方面。以往的主管人员都愿意暗箱操作给自己熟悉的有关系的广告公司，所以防不胜防。而这个年轻人主管此项工作之后，历次广告宣传他都采用公开招标的方式。前来应标的广告公司多时有二十几家。应标方先交广告方案，中标后付钱，所以水平高，花费少。

更让老板开心的是，每次招标，这个年轻人会在做了大量的前期工作后，把最终的决断权交给老板。他会把其中几家比较优秀的方案交给老板定夺，老板做出选择后他从来不为其他方案的广告公司争取，所以老板觉得踏实、安全。

听了老板的介绍，我的心里隐隐有种不祥的感觉。

又过了一段时间，终于出事了——年轻人被抓了。事情败露并非因为他在公司内操作不慎而被发现，原因出在广告公司。某家广告公司出了问题从而牵连到他的身上。

这个年轻人最初对侦查机关所指控的事实概不承认。他坚持辩解公司广告方案都是由老板决定的，他没有任何不当操作的行为，所以也不存在贪污和不法侵占的犯罪行为。

这个年轻人的辩解也得到了老板的肯定。当侦查机关的办案人员在向老板通报案情并取证时，老板也不相信这个年轻人会有什么不轨行为。

侦查机关办案人员严肃正告老板，从他们所掌握的情况看，这个年轻人的犯罪事实清楚。他们请老板仔细回想一下有什么蛛丝马迹，从而向侦查机关提供这个年轻人的更多犯罪线索。

可怜的老板冥思苦想了一整夜，第二天一早便来到侦查机关要求严惩罪犯。老板向侦查机关控诉道："这小子太坏了，如果不是司法部门介入，到现在我还被蒙在鼓里。"老板觉醒后才厘清这个年轻人的伎俩。

原来，每次广告招标，大约会有一二十家的广告公司出具应标方案，但最后呈到老板面前待决策的方案只有3~5家，而这其中一定只有一个相对突出一些，其他的方案均存在比较明显的问题，所以老板只能选择那个看起来还可以的方案。其实他哪里知道，太多好方案均被那个年轻人隐藏起来，他只用几个较差的方案去陪衬那个他想让老板选择的方案。由于这个方案是由老板自己选择的，所以这个年轻人的请示就是一个又一个名副其实的陷阱。

其实，这样的手法我以前也听说过，所以我会有不祥的预感。这个手法与我少年时期所收听到的一出当时非常流行的文艺形式广播剧《神奇的魔筒》的故事情节一脉相承。

在美国经济大萧条的20世纪30年代时，有一位小伙子来到一位犹太老人开设的婚姻介绍所希望获得帮助。

如果从个人情况来说，小伙子的条件非常优越。他出身名门，毕业于名校，当时在一家令人羡慕的公司里担当体面的职务。之所以尚未拥有女友，是因为小伙子性格内向，过于腼腆。

小伙子优越的条件甚至让阅人无数的犹太老人颇感意外，他急忙征求小伙子的求偶标准。小伙子标准明确：

1. 女方家庭要家道殷实。

2. 女子要接受过高等教育。

3. 女子要有稳定体面的工作。

犹太老人一口应承下来，过了几天便主动打电话给那个小伙子，告知根据小伙子的要求已准备好了一些女孩子的资料送给小伙子供其选择。时间定在中午，地点在小伙子工作的公司楼下。

犹太老人在小伙子赴约之时，交给他一个信封和一个大纸袋。告之信封里面是照片，照片后面有编号，编号对应的资料在大纸袋里。

小伙子当晚回到家里之后便急不可耐地打开信封。出人意料，信封里面出现的女孩照片全都奇丑无比，绝对低于小伙子日常交际的平均水平。看过照片，遭受刺激的小伙子绝对不会再有兴趣去翻看那些大纸袋中的资料。

第二天，犹太老人的电话如约而至。犹太老人询问小伙子对几号姑娘感兴趣，小伙子支支吾吾地回应："您那里还有其他资料吗？"

老人马上回答："小伙子，不用说了。过两天我会给你再送一些资料。"

又是一个中午，地点还是在小伙子公司楼下，同样是一个信封和一个大纸袋，犹太老人送给小伙子第二批资料。

当晚，小伙子在查看资料时发现这一次姑娘们的照片连第一次的水平都达不到。再受刺激的小伙子自然没有兴趣再看资料。

第二天，在回答老人电话询问时，小伙子再次吞吞吐吐问道："您那里还有其他资料吗？"

犹太老人自然满口应承。不出几日第三批资料交到小伙子手中。

仍是同样的时间，同样的地点，同样的信封与大纸袋。唯一不同的是女孩们的照片再次刷新小伙子的心理承受的底线纪录。第二天，当小伙子再次说出是否还有其他资料时，犹太老人的口气有些迟疑了。

又过了几天，老人再次主动打电话给小伙子，明确地说第二天将给小伙子最后送一次女孩子的资料，如果小伙子依旧无法满意，就说明犹太老人与小伙子之间有缘无分，不再帮忙了。

第二天就要为小伙子送最后一次资料了。当晚，犹太老人久久不睡，他精心地把一支纸筒涂上鲜艳的颜色。犹太老人的老伴不解他的举动，催促着犹太老人早点就寝。犹太老人故作神秘地说："不急，我正在制作一支神秘的魔筒，这支魔筒将成就一桩神奇的姻缘。"

第二天，同样的时间，同样的地点，不同的是装照片的信封变成了一支炫目的纸筒。小伙子看后双眼一亮，这似乎预示着好的兆头。

当天晚上，当小伙子看到彩色纸筒内的照片的时候，他知道自己第一眼看到这个彩色纸筒时的好感觉是错的，因为他看到了历次中水准最差的几张照片。

小伙子知道这意味着他与犹太老人的缘分尽了。想到这里他有一些失落，他把目光放到那个老人精心制作的纸筒上，将其放在手中把玩着，欣赏着。

突然，小伙子发现在纸筒底下有一枚女孩子的照片，因粘在里面，所以刚才没有被倒出来。小伙子急切地把照片取了出来看。“哇！”小伙子认为他看到了这个世界上最美丽的女孩子的照片！翻过照片一看，背面没有编号，说明他只能看到这张神秘的照片，却无法了解照片中是何许人也。小伙子激动得难以自已，他快步出门奔赴犹太老人的家中，哪里还管犹太老人是否休息，直接敲门叫人。

犹太老人满脸疑惑地披着外衣出现在小伙子面前。

小伙子几乎是喊着告诉犹太老人，他找到意中人了。

犹太老人殷勤地对着小伙子笑着，好奇地问：“你选择的是多少编号的姑娘。”

小伙子拿出神秘姑娘的照片，急切地说：“就是她！”

犹太老人的脸色变了，说道：“她不行。”

小伙子似乎已经失去了理智，大声叫道：“为什么？”

“因为这个女孩子没有读过大学。”

“无所谓！”

“这个女孩子目前没有工作。”

“无所谓！”

“这个女孩子家境贫寒。”

“无所谓！”

“她是我的女儿。”

……

明白了吗？

真实情况是，自从这位犹太老人第一眼看到这个小伙子，他就希望能够让这个小伙子成为他的女婿。无奈小伙子提出的硬性指标自己的女儿均不达标，于是他便精心设计了这个局——用容貌丑陋的女孩照片不断刺激小伙子，挑战小伙子的审美底线。在小伙子万念俱灰之时，再用自己女儿的照片让小伙子失去理智，成功促成他们的姻缘。

如果把这个故事中的小伙子看作上级，犹太老人看作小伙子做事的下级，你会明白那位犹太老人的每一次递交资料，就是一次挖深陷阱的过程。然后通过一次又一次的精心设计的请示过程，把上级引上自己希望的途径，请君入瓮。

这和那位最终被老板指控的年轻人的做法何其相似！正是由于这种事实上存在的通过请示深挖陷阱的事例，才造成了上下级之间在面对请示时的彼此防范心理。我们经常可以看到，当一位下级笑面盈盈地对着上级请示工作，然后笑容可掬地对上级问道："您看这事怎么办？"此时，上级往往意味深长地看看下级，同时充满玄机地反问："你看应该怎么办？"凡此种种，我们便可遗憾地发现，上下级之间因为猜忌产生的不信任出现了。

对李军的访谈给了我们惊讶的事实，相信大家此时应该心有所悟了。

再补充一条供你了解：上级认为"请示＝依赖"。

相信下级到上级那里请教事宜，应该会获得帮助，但是在上级为你提供帮助之时，可怕的问题是他怎么想你呢。上级一般的心理极有可能是这样的：此人遇事就来请教，会不会是因为自己不愿开动脑筋，通过请示少走弯路，从而逃避责任呢？我的指导当然可以帮助到他，但是如果有朝一日没有了外力的帮助，他能否胜任工作呢？

如果上级对你有如上的想法，一个可怕的后果是，如果上级需要选拔一位下级去独当一面，他会选择你吗？

给你一句忠告，或许可以在请示这个问题上化消极因素为积极表现。这句忠告是：不要带着问题，而要带着解决问题的方法去面对上级。不要让上级做判断题、论述题，而要让上级去做选择题。

相信这样或许会好一些。

第三式

管住嘴：维护上级形象

（修炼要领：认同）

一个单位一定需要有一个人代表组织发号施令，所以在职场中，不要把一位领导看成一个简单的自然人，而要把他看成一名组织的代表、单位的化身。

在外人面前，维护好上级的形象，就是维护了组织的形象。当下级自觉维护上级形象成为一种习以为常的自我行为，表现的是个人对于组织发自内心的接受和认同。

自觉维护上级形象

我们先来看看下面这个故事，我们说，大家一起分析。故事的名字是：副总裁的“事故”与“不世故”。

副总裁的“事故”与“不世故”

某公司有位副总裁，因为主管营销工作，所以势必与各个地区的销售代理公司人头很熟。他所在的企业营销网络遍布全中国，所以他到全国各地都有代理公司将他奉若上宾，陪前随后。

当被他人高看一眼成为一种习惯，许多事情在他那里就显得见怪不怪，但在别人眼中或许就不是那么一回事了。

某年，全国展销订货会在中国的某个城市召开。为显示对订货会的重视，该公司上上下下各路领导齐聚大会，庞大的领导阵容显得气势非凡。

问题暴露了。

公司各路领导齐聚异地，人生地不熟，接待起居出行自然成为一个难题。平日里由于分工不同，只有这位副总裁与各路代理保持密切联系，这时正是应该他出面协调各路资源，为其他领导鞍前马后的机会。

这其实是职业要求。

怎奈，副总裁平日里在各路代理那里展示老大威风早已成为一种习惯，同时也缺少在上级领导面前自贬一级的自觉与气量，再者也缺少将各路公司外部资源与同事分享利用的胸怀。结果呢？自己出则有人开车，入则有人请客餐宴，完全忘了还有其他同人，尤其是自己顶头上司的事情。在外人面前，自己的风头完胜公司最高领导。

一个小细节可窥见一斑。大会结束时，各路领导奔赴机场离开该座城市。由市内赴机场时，公司总裁需要自己搭出租车前往，而这位副总裁则前呼后拥地由代理商派车送达。

在企业里面，我们当然可以名正言顺地将这件事情界定为事故，绝对不能把那位副总裁的行为称为不世故。

事后，有人指责这位副总裁，他还振振有词："是他们安排的，我事先也不知道哇。"

借口，这显然是借口，人们惯常的思维是为自己的行为寻找借口。

给你一个提示：千万不要认为自己在职业场所中交下了几位客户朋友，就感觉自己魅力超群。客户与你交往绝大多数是因为你的职位，以及你的职位所能够动用到的身后的公司资源，而并非你真的"魅力超群"。

客户出于一定目的与你交往，无可厚非，市场经济情形下，绝大多数人都是绝对关注自己利益的买卖人。趋利避害当然是人类的本能。这里没有所谓的"好人"与"坏人"，大家都是为逐利而忙碌的人。

辨明了这个问题，我们必须客观地承认，职业场合所结交的客户朋友资源应该属于自己所在的公司。而在不同时段，应该考虑将这些外部客户资源应用于对公司有更大回报的地方，而不应该由自己独霸。

在平时，当这位副总裁代表公司出面，外部客户资源倾斜于这位副总裁当然属于正常现象。但是当一位更有资格代表公司的总裁出现时，这些社会资源则理所当然地应倾斜在总裁身上。

结果想必你知道了，那位副总裁最后辞职了。在宣布辞职的领导班子会上，总裁失声痛哭，但是当那位副总裁准备收回成命，伸手将自己的辞职报告取回时，总裁无声地伸手把副总裁的辞职报告按在了桌子上——

一切尽在不言中。

哭是因为痛心。正是那位总裁把这位副总裁由最初的一位普通工人拔擢至副总裁的位置。而按下辞职信使辞职这件事既成事实是因为寒心。

这位副总裁就是后来名震全国的蒙牛乳业的创始人——牛根生。

这位总裁就是缔造了中国乳品第一品牌伊利的人——郑俊怀。

相信有人看到此处会说，当年牛根生离开伊利是对的，因祸得福。结果既然如此，那么当年的做法何错之有？

我们的观点：牛根生事后的成功是在汲取了足够多的教训基础上的觉醒。扪心自问：如果时间可以重来，牛根生还会用原来的思路去处理问题吗？如果事件可以重演，牛根生当初真的心甘情愿地离开伊利吗？

人总是要在挫折中成熟、成长的。所以，多年之后在各种场所，深谙诸多道理，明辨众多是非，经历太多人情世故的老牛常常由衷地表达："我这一生最应感谢的人，就是郑大哥。"

放下包袱，走出恩怨的人，才是更为豁达的人。

作为职场中人，自觉维护上级形象是自身的必修功课。如何修炼？给你三个"绝对"：

绝对不可以随便议论上级；

绝对要在职场中表现出对于上级的尊重与谦恭；

绝对不可以试图表现得比上级更高明。

绝对不可以随便议论上级

时代的发展带来太多的改变。其中一个便是当代人们越来越擅长表达，越来越不喜欢安静地倾听；人们越来越喜欢快速地发表观点，越来越不喜欢进入深思熟虑的思考。

对于领导的议论便是由此而来。我们有太多的机会在各种场合听到对于上级领导的议论。不知为什么，职场当中，人们已经习惯了对领导评头论足，人们似乎从中可以找到一些抒发郁闷的快感，可以借此舒缓郁郁不得志的苦闷。

但是考虑过结果吗？现代社会，人们都需要对自己的行为负责。一时的快感往往需要用太多的痛苦去补偿。

告诉你危险所在吧。

曾经有人将职场中的人分为三类：

第一类人，见人就说人，他们的语言中充斥着的都是人的名字。

第二类人，见人就说事，他们比较直接地批评在各种事情上面出现的问题。

第三类人，见人就谈理想，他们的语言中总是充满了新机遇、新想法，总是对未来充满了期待与冲动。

如果组织现在需要提拔一个人独当一面，你建议提拔哪一类人？

答案是第一类人绝对不行，无论水平高低。为什么要如此决绝？让我们用中国先人的一句话来回答："来说是非者，必是是非人。"

一个人，满嘴人名，满嘴对人的非议，此人人品必然存在巨大问题。在职业场所，人们见到此等人士，或许都在克制和压抑对他的不屑与不满。人们不愿把矛盾公开化，不愿意公然制造冲突，但是并不代表心中不会对这一类人产生厌烦与厌倦。在此种情形之下，如果单位提拔这一类人，结果可能是极其可悲的：提拔一个人，伤害一群人。

这一类人被提拔的结果是让一群人伤心，对组织失去信心。所以但凡还顾及一些他人感受，没有自大到丧心病狂级别的领导人，一般不敢重用第一类人。

第二类人如何？答案是可用，但不可重用。原因是第二类人往往具有鲜明的是非观、强烈的正义感，讨厌自欺与虚伪，眼里不容沙子。

是非观强烈对个人无疑是非常好的品质，但对于一名需要独当一面的领导，则有所不然。真正的管理者应思互动、考虑因果，不应纠缠于细节上的是非判断。所以第二类人一般是一位优秀的、务实的基层主管，但难当重任。毕竟，指责批评过多了，就会缺少包容的胸怀与变通的能力。

究竟重用哪一类？答案当然是第三类。第三类人志向远大，关注结果，同时具有策动他人的鼓动力与包容心，是其他人心里乐于接受的人选。

总的来说，第一类人人际受损，人人讨厌之，无法使用；第二类人缺少包容的胸怀和变通的能力，人人对其敬而远之，不可重用；只有第三类人可堪大任，因为他们较少计较、善于群策群力。

如果一个人在职场当中放任自己，不负责任地议论他人、非议领导，或许其本人并没有想到，在他人心中，此人分量已被看轻、贴上不良标签了。

那么，是否在职场中绝对不可以议论人与事呢？给你一个标准，符合标准则可尽情议论，如不符合则请三缄其口。具体来说，如果议论有利于提升你的个人信誉，尽可以纵情议论；如果议论有利于顺畅你所在的组织运作，尽可以纵情议论；如果议论有利于你与你的同事成熟成长，尽可以纵情议论。反之，就闭嘴修心吧。

绝对要在职场中表现出对于上级的尊重与谦恭

我们再次重申，职场中上级代表的不再是一个自然人，上级代表的是组织。下级对于上级的谦恭其实是表现出对组织的认同。在职场中，下级表现出对上级的谦恭不是个人人格的低下，相反，是表现了个人高超的组织职业操守。而你的所作所为在外人看来，就是对你所在单位评价的最好依据。

人们习惯于通过对个别员工的评价来判断员工背后的组织。这个道理不妨通过一个叫“狗猛酒酸”的历史典故来说明，这则故事出自《韩非子·外储说右上》。

> 宋人有酤酒者，升概甚平，遇客甚谨，为酒甚美，县帜甚高，然而不售，酒酸，怪其故，问其所知闾长者杨倩，倩曰：“汝狗猛耶?”曰：“狗猛则酒何故而不售?”曰：“人畏焉。或令孺子怀钱挈壶瓮而往酤，而狗迓而龁之，此酒所以酸而不售也。”

将原文翻译成现代文如下：

> 宋国有个卖酒的人，每次卖酒都量得很公平，对客人殷勤周到，酿的酒又香又醇，店外酒旗迎风招展高高飘扬。然而却没有人来买酒。时间一长，酒都变酸了。感到迷惑不解，于是请教住在同一条巷子里的长者杨倩。杨倩问：“你养的狗很凶吧?”卖酒者说：“狗凶，为什么酒就卖不出去呢?”杨倩回答：“人们怕狗啊。大人让孩子揣着钱提着壶来买酒，而你的狗却扑上去咬人，这就是酒变酸了卖不出去的原因啊。”

由此可见，在春秋时期，人们就已经知道在选择商家服务之时就要关注商家的诸多细节，并且会根据这些细节来进行选择。如果一家单位的员工与外界的交流界面不够友好，就起到了卖酒者的那条狗一样的作用。单位再好，员工形象不好，人们自然远远避之。单位再好，如果员工表现得不够专业，没有给予上级足够的尊重，则不免让人对单位产生不良联想。

有个故事与此高度关联。

领导的“男秘书”

在当代中国有一位久负盛名的企业家（由于这个故事的一些情节可能会让当事人产生一些难堪的感觉，所以恕我不说出他的名字——即便说了他也未必承认）。许多年以前他还是一位刚刚创业的小企业领导，那时该同志一直有一个志向，希望有朝一日自己拥有一名男秘书。他始终认为拥有一名优秀的男秘书能显示出领导有品位、单位有实力。

一次，领导要去南方某地开发业务，临行前在北京通过各路渠道找到一个重要的人际关系，有人与时任南方某地副市长的人关系笃厚，于是领导在北京登门拜访获赐便条一张，带在身上赴南方某地前去拜访那位副市长。

临近拜访前，领导心中思忖，如贸然前往则中间缺少铺垫，不免显得唐突。由领导直接联系副市长则容易让人感觉公司实力不济，为人留下小公司的感觉。要让人认定我来自实力雄厚的大公司，就要有一名男秘书。

没有男秘书怎么办？自己给自己当秘书。

于是当年的这位领导，拨通副市长的电话，捏着嗓子说：“喂，您是×××副市长吗？我是北京×××公司总经理×××先生的秘书。×总受您好友×××之托希望前去拜访您，我来负责与您预约时间、地点。”

预约好时间、地点，领导前去拜访副市长。在通报家门，与副市长握手之时，副市长好像心不在焉，频频向领导身后观望。

领导诧异：“您是在找谁？”

副市长答：“您的秘书没来吗？”

领导一身冷汗，忙掩饰：“我让他忙点其他事情去了。”

副市长满腹遗憾："×总呀，您的秘书谈吐不俗，修养很好。能够拥有此等人才，说明您的公司一定实力超群，藏龙卧虎。"

好的员工就是能够通过对于领导的一举一动展现职业水准与职业操守。

有一件事情，过去了20多年了，许多人依旧记得。

世界妇女大会希拉里发言前的故事

1995年，世界妇女代表大会在中国北京举办。在会议期间有一个重要的议程。时任美国第一夫人的希拉里·克林顿要在主会场发表演讲。

但在演讲那天，临近发言时希拉里并未出现，会场内出现了一些躁动与混乱。

这时，希拉里的一位黑人女工作人员出现在讲台上，面对大家说道："再过一会儿，希拉里·克林顿女士将为大家发表一个精彩的演讲，让我们把会场的通道让出来好吗?"人们纷纷离开通道，回到座位。"让我们坐下好吗?"会场秩序改变了。

但是，希拉里还是没有出现。那位黑人女士继续掌控着局面。"让我来给大家唱首歌好吗?"于是她唱了一首歌。一曲歌罢，希拉里还是没有出现。

黑人女士继续着她的发言："你们喜欢这首歌吗?"停了片刻，她接着说，"让我把这首歌教给你们好吗?"

按一般的经验，教一首歌是一件很浪费时间的事情，此时恰好可以填补希拉里未能出现的这一段尴尬的时间。

无奈，一首歌都教完了，希拉里仍然没有出现。在重大的国际场合，如此长时间的迟到甚至可以被人称为粗鲁与无礼。

怎么办？黑人女士不慌不忙，胸有成竹。“今天是全世界姐妹们的大聚会，让我们听听来自不同国家的姐妹们的歌声好吗?”

一场世界妇女大会被她变成“春晚”了。随着各国妇女代表的轮番出场，场上气氛也掀起了一个又一个的高潮。妇女代表们自娱自乐，似乎完全忘记了她们是在等一个名叫什么希拉里·克林顿的人来发表演讲。

在一片欢快的情绪当中，希拉里·克林顿终于出现了。这时候出现的希拉里容光焕发，风姿绰约。各国妇女代表们此时纷纷赞叹希拉里的风采，大家甚至忘却了希拉里方才不光彩的迟到。

希拉里的风采从何而来？是她的下属——那位黑人女士操作出来的！

我们设想一下，如果方才没有人干预会场秩序，众多代表或许早已不耐烦了，或许早有人退场或者抗议了，而这时如果希拉里·克林顿恰好出现，先来一段道歉就是必不可少的了。

这件事已经过去了20多年，今天我们仍然可以通过网络找到当年希拉里·克林顿的演讲视频。遗憾的是我们难以找到演讲前的那一段了。但是许多观看了当年那一幕的人们也许真的难以忘记那位黑人女士，难以忘记她在希拉里出场前所付出的努力和做出的一切。没有人认为她的工作仅仅是为了烘托希拉里出场，就觉得她人格低下，相反大家都对她报以尊重。因为大家知道，她的所作所为真的不是为了一个叫作希拉里的女人，而是为了对她的职位、职业负责，也是为了她所努力地维护的那个藏在行为背后的名字——美利坚。

由此可见，职场中人烘托上级不是一个悲悲戚戚、无关紧要的小动作，是为了捍卫组织的大行为。

当然，许多人一生或许很难遇到这种“一夜成名”的大场面，不过我们并不缺少职场中挺身而出的小机会。

例如，你陪同上级出差异地。地主好客至极，酒桌上频频规劝。上级不胜酒力，回到酒店房间衣服胡乱一脱，倒头呼呼大睡。领导睡下了，但你是清醒的。因为酒桌上的韬略就是不能把所有人都放倒，一定要留下个把“小兵”将领导扶走。

此时，门铃（或者是电话）响了。该死，一位重要客人登门拜访来了。怎么办？

开门纳客，屋里请——

满屋酒气，一片狼藉。领导衣衫褴褛，不该示人的躯体就这样让人一览无余。客人会想，这是什么人？这是一家什么单位？而你今后将做出何种举动才能化解这一瞬间留给重要客人的心理刺激？

显然，此刻不能请客人进入。但不理不睬，做鸵鸟状？那么事后要做多少努力才能消除怠慢给重要客人所造成的心理伤害？

这种情况必须面对，问题的关键是面对的技巧——

先要在室外安抚客人：我们领导正在休息，请稍候。

然后叫醒领导：要客来了，我先带他们去酒店大堂吧，您务必随后到场。

出门，带客人喝茶，陪同客人守候领导。

少顷，领导出现。

此时的领导刚刚洗漱完毕，甚至更换了衣着，衣冠楚楚，落落大方示于要客面前。

通过这样的技巧来接待不期而至的重要客人，就保住了领导的面子，也就保住了单位的面子。不是吗？

在职场上，对上级表现出尊重与谦恭其实是必要的职业技巧，也是一种职业人内心的修炼。相信会有那么一天，你发现你对领导的尊重与谦恭变得不是那么僵硬，变得不是那么做作，有了一种自然而然的感觉。那就说明你已经发自内心地承认组织的管理体系，承认了领导权威的合理性，不再用你那可怜的、微不足道的小自大与人攀比，达到心有所悟，修炼进阶。

绝对不可以试图表现出比上级更高明

我们试着理顺一下这个逻辑关系：你比上级高明说明上级不高明→上级不高明说明上级比较愚蠢→上级比较愚蠢说明选拔上级和上级掌管的组织即愚蠢→组织即愚蠢，可怜的你作为组织的一员，如何评价你呢？

有一句歌词说得好："没有人能随随便便成功。"

我们愿意套用这句话再说一句：没有哪一个人的成功是浪得虚名。

让我们抛开躁动的情绪干扰，冷静分析。在现有管理体系格局中，每一位走上领导岗位的人士都不会是仅凭侥幸，或者仅凭背景。绝对需要加上个人才学与水平，以及多年艰苦奋斗、苦心经营出来的人际关系与信任格局，才可能与时运相辅相成，走向领导层。

如果有人仅凭感觉便粗暴地指责某些上级水平不够高，那么问题就来了，你是凭什么评价人家水平不够的呢？

1. 凭人品

笑话，你凭什么评价人家人品有问题？我们的经验是：凭空认定别人人品有问题的人往往自己人品就有大问题。

再者，我们在开篇中告诉大家，人品不是选择领导的唯一标准（甚至可以说不是重要标准）。如果单看人品，你除了选择希特勒，你还能投谁的票呢？

在清朝时期，一代君王曾被誉为千古一帝。此人名号康熙，而康熙曾经坚定地认为：凡做大事者，必是誉满天下，谤满天下。

我们再回到开篇的思维判断的三个层次。

执行层面是三角形的最底部的逻辑思考层面，针对的是基层员工和基层经理人，这个层面的人们一定要知晓对与错。

什么是对的，什么是错的？

要有标准，没有标准什么都可称其为对，什么也都可以称其为错。

对于执行层面而言，判断对错的标准就是逻辑。

问题是，简单的对错标准是一个单纯对立的二元化标准。世界的丰富与奇妙在于尚有太多太多的事物处于简单的非此即彼局面之外的中间地带。仅以是非判断绝对不可能认识事物的本来面目，挖掘事物变化的内在规律。

人品很难分出绝对的好与坏，一定还有一些无法分清是好还是坏的灰色地带。一个再简单不过的二元是非判断，难以覆盖和真实描述事物的多样性与丰富性，以其为标准难免遭遇尴尬。再有，人品好坏与领导力水平和领导职位晋升成功又有什么关系呢？两者的相关性有多大呢？天真地做出对应相关判定，其结果可能只是牵强附会吧。

我们在开篇中谈到，从人品的角度而言，希特勒才是一位令人尊敬的领导人。但是如果希特勒的权力膨胀到无法约束，那么地球上可能只留下日耳曼单一种族。

与之相反，斯大林在人品上绝对不敢恭维，说的露骨一点，就是一个“恶棍”。举例来说，当年斯大林在参与革命运动之时曾遭遇沙皇政府的通缉，是他的一位好友甘愿冒巨大的风险将斯大林隐藏在自己家中。而闲来无事的斯大林将对自己有大恩大德的朋友之妻“开发”成了自己的情人。再后来，竟然变本加厉地将这位朋友的女儿变成自己的妻子。甚至有传言，斯大林的妻子本身就是斯大林与朋友妻子暧昧关系之后所生出的孩子。换句话说，斯大林可能有乱伦之嫌。据说在一次酒会之后，醉酒之后的斯大林向妻子吐露实情，妻子悲愤至极，开枪自杀。

人类历史上注定要留下斯大林的名字，不是耻辱柱，而是功德碑。

为什么？因为第二次世界大战。从宿命的角度而言，斯大林或许就是希特勒的克星。斯大林就像是一位上天派遣到人间来降服希特勒的带有神秘人生使命的一个人。他的刚愎自用、蛮横粗俗、残忍无情恰恰与希特勒水火不容。今天，我们早已无意去关心斯大林的花边绯闻、残酷的恶名，但却无法遗忘当年斯大林所投身的反法西斯的伟大战斗。

一边是情感，一边是理智。

一半是海水，一半是火焰。

我们或许可以自我解脱一下，对于这个层面的人，人品本来就不是针对他们的评价标准。再换句话说，人品人人都可通过约束修炼而成，彪炳历史却不是人人皆有可能。

2. 凭能力

问题又来了，能力覆盖广泛，我们该使用哪一种能力评价体系为好呢？再者，能力高低有定论吗？比如，聪明机灵与呆若木鸡孰优孰劣？你可能猜到是呆若木鸡了，理由呢？

在《庄子·外篇·达生》篇中有一则关于斗鸡的寓言：

某人为国王驯养斗鸡，过十日，因为斗鸡有骄横之气且寻衅滋事，认为不可；再十日，因为斗鸡注意力仍受外界干扰，认为不可；又十日，因为斗鸡仍旧盛气凌人，认为不可；十日之后，斗鸡呆若木鸡，认为可以，结果无其他斗鸡胆敢应战。

据此后人用“木鸡养到”比喻修养到家，品德成熟。

你能想到呆若木鸡是指一种大智若愚的至高境界吗？相对于呆若木鸡，其他的状态反倒都显得肤浅了。

再有，在能力体系当中，不同种类的能力本身也存在非此即彼的情形，难以共生。比如人际关系能力强的人可以去做外联工作，但是让他做财务工作就往往表现为力不从心。从上级的种类看，又可以分成业务干部、行政干部等。我们到底要从哪里才能找到一个通用的衡量标准呢？

比如就表达能力而言，一位领导当然应该有良好的表达能力。但是你是否发现，表达能力相对差一些并不影响管理效果；相反，表达能力极佳之人或许都不持久。

3. 凭业绩

问题是有的业绩能够曝光，有的业绩无法示人，有的业绩苦求多年而不得，有的业绩属于无心插柳、运气使然，更何况对于业绩的评判标准也不统一。

前文讲过，职场当中的秘密一级瞒着一级，只有达到某种高度，进入某种境界才有可能深谙个中道理，感受个中滋味。

几十年前，曾经有人在面见蒋介石的夫人宋美龄时，不断夸耀某团体积极上进、健康廉洁、值得信赖、令人感动。蒋夫人思忖良久，说出一句令人振聋发聩的名言："我承认，也许你们说的都是真的，但是，那只不过是因为他们还没有尝到真正权力的滋味。"

你看，你连一个评价的标准都找不到，劝你就不要再劳神费力、痴心妄想地想表现得比上级高明了。

如果你非要找一个衡量的标准，以此来评价自己与上级的高低，那么我们勉为其难地给你一个非科学性的参照性的衡量方法。那就是：换位原则。假如是你在现任领导的职位上面，你又能做得如何？你有可能比上级做得更好吗？当然这个标准不科学，有风险。风险在于每个人都习惯于把自己看得较高，把别人看得较低；对自己的标准偏低，对别人的标准偏高；对自己习惯得过且过，对别人喜欢求全责备。

基于上述理由，所以我们不愿意给出这个衡量方法。如果你觉得这个方法还可一用，那么我们再给你一些使用此方法的附带限制条件：

一是不要在兴高采烈、极其兴奋时候使用（比如刚刚喝完酒）。

二是不要在父母亲朋、心仪的异性朋友面前使用。

三是不要在与人争辩时候使用（因为在论辩当中想赢的执着性会破坏你看待问题的客观态度）。

建议你在夜深人静、孤立无援，无助、痛苦时再与上级做出换位对比，结果可能更接近真实。

还是让我们再来讲故事吧，同时在讲述故事的时候你也可以扪心自问、评判比较一下。

在中国近代史上，有一位饱受争议之人——李鸿章。

李鸿章卒于1901年，距今已有百余年之多，但在今天的中国对他依旧盖棺难定论，实属罕见。以李鸿章1862年任江苏巡抚开始计算，李鸿章纵横中国政坛整整40年，留下“权倾一时，谤满天下”的评价。

今日中国谈及李鸿章，大多与近代中国屈辱记忆相关联，如《中法新约》《马关条约》《中俄密约》《辛丑条约》等。因为这些，李鸿章在许多中国人心中成为人皆可诛的大卖国贼。

即使在李鸿章同期，也有人给予他极低的评价。

与李鸿章同为封疆大吏的左宗棠曾因中法战争之事怪罪李鸿章：“对中国而言，十个法国将军，也比不上一个李鸿章。”“李鸿章误尽苍生，将落个千古骂名。”

除了左宗棠外，康有为、梁启超于1895年成立强学会，曾坚持不屑于与李鸿章为伍。梁启超甚至讽刺李鸿章为“只懂洋务，不懂国务”。

所以有人说：有了李鸿章，中国近代史是如此凄惨。但是把话说回来，如果没有李鸿章，中国近代史或许更惨。这可以从晚清名臣、清代洋务派代表人物之一张之洞对李鸿章的评价中看出，他说：当时朝廷内外对西方军事，内政和外交“稍知之者，唯一合肥（李鸿章），国家不用之而谁用乎？”

同样是梁启超，在李鸿章身故以后，撰书《中国四十年大事记》评价李鸿章道：“若夫吾人积愤于国耻，痛恨于和议，而以怨毒集于李之一身，其事固非无因，然苟易地以思，当夫乙未（1895 年）二三月、庚子（1900 年）八九月之交，使以论者处李鸿章之地位，则其所措置果能有以优胜于李乎！以此为罪，毋亦旁观笑骂派之徒快其舌而已。”

以《辛丑条约》为例，当时愚昧的清朝政府丧心病狂地希望以义和团这种疑似邪教的方式挑起国际争端，再通过盲目煽动爱国情绪的方式欲与诸国列强“一决雌雄”“张国之威”，最终当然一败涂地。清朝政府惶惶弃北京而逃，八国联军攻占北京。

依当时之情势，中国政权已被推翻，中国被分解的危险一触即发，亡国灭种危在眼前。这时，是李鸿章从广州北上，维系中国完整与护卫主权的重任集于李鸿章一人之身。纵然《辛丑条约》让国人倍感耻辱，但两害相较取其轻，在主权与金钱两者之间，孰重孰轻？

遍寻当时中国，能担此任之人，唯独李鸿章一人。我们今天评价李鸿章，正如李鸿章对自己做出总结所言：

> 我办了一辈子的事，练兵也，海军也，都是纸糊的老虎，何尝能实在放手办理，不过勉强涂饰，虚有其表，不揭破尤可敷衍一时。如一间破屋，由裱糊匠东补西贴，居然成一间净室，明知为纸片糊裱，然究竟不定里面是何等材料。即有小小风雨，打成几个窟窿，随时补葺，亦可支吾应付。乃必欲爽手扯破，又未预备何种修葺材料，何种改造方式，自然真相破露，不可收拾，但裱糊匠又何术能负其责？

李鸿章在临终之际，感念一生中的万事种种，曾口述七律一首，诗云：

> 秋风宝剑孤臣泪，落日旌旗大将坛。
> 海外尘氛犹未息，诸君莫作等闲看。

自诩为“裱糊匠”的李鸿章在那个时代做了在他自己的能力范畴之内所能够做到的近乎无可挑剔的行为，但凡给予李鸿章轻薄评判之人在历史功绩层面无一不得不望其项背。用尽心尽责、力挽狂澜来评价李鸿章其人其事应该不为过。

《清史稿·李鸿章传》评价说：

> 鸿章既平大难，独主国事数十年，内政外交，常以一身当其冲，国家倚为重轻，名满全球，中外震仰，近世所未有也。生平以天下为己任，忍辱负重，庶不愧社稷之臣。

这个评价，堪称诸葛孔明转世——态度接近诸葛亮的鞠躬尽瘁，业绩却胜孔明百倍。

看到上述文献与分析，还有什么理由去妄评他人呢？

中国北方有句俗话，好汉怕掉个儿（即换位），谈论别人是否高明之前，还是先看看自己行不行吧。

第四式

激活脑：充当上级智囊

（修炼要领：助势）

作为职场中人，尤其作为一名职场白领，有一项职责从来不需要写在劳动合同当中，但是它却需要职场中每个人时刻牢记、随时准备，那就是为上级出谋划策。

上级与下属本属于不同的岗位，拥有不同的高度，观察物体的角度势必不同。所以下级为上级决策提供参考意见，本就是对上级决策的重要补充。再者，优秀的建议当然可以起到化腐朽为神奇、扭转格局的作用。不妨想想当年孙膑的田忌赛马之策，仅仅调整了一下赛马的顺序，便可扭转败局，战而胜之。

作为职场中人，为上级充当智囊本就是自己应尽之责。毕竟组织与我们存在一纸契约关系，契约约定的是我们整体之人，当然涵盖体力也包括脑力。所以谈到出谋划策，绝对不可有勉为其难、无辜奉献的感觉。

作为职场中人，如何更好地充当上级智囊呢？让我们逐一从事前、事中、事后三个阶段分别说明。

事前：参谋意见应在上级决策形成之前

职场当中的经验是，上级在决策之前，一般会通过多种形式征求大家意见，包括正式的会议、建议性征文，也包括非正式的沟通交流等。此时，作为职场中人，为使决策能够更为合理，自然需要人尽其言，开诚布公。

不过，一旦单位决策形成，则需要停止无意义的议论，全力执行。

执行中遇到问题怎么办？

给你一家单位的规定作为建议：

（1）有规定的按规定办。

（2）规定有问题的，向规定发布部门反映。在规定更改之前，依旧按规定办。

在事前提供参谋意见方面，我们可以通过对于资深职场人士大旭的访谈，得到一些借鉴。

纠结的年轻干部

访谈人：大旭

经历：遵相关领导意见，由外资房地产开发公司转入一家国家大型一级企业任总经理助理。访谈内容就发生在这段时间。

我经常午夜梦回，觉得我应该感谢命运。当年我从高校进入政府机关，于是有机会进入相关领导的视野。后来又进入外资房地产公司，力促重点项目的推进。当项目确认开工之时，相关领导认为：这小子做企业没准也可以，所以将我调任至一家国有大型一级企业集团任总经理助理，进入领导班子。那一年，我27岁。

我常常这样想，在人群当中我绝对不是最聪明的那一个，也不会是最努力的那一个，或许仅仅是较为幸运的那一个。幸运在于我的每一步努力都能够被别人发现、被人赏识。

我承认，当初我进入那家国有企业之时，多少带有一点年少气盛、踌躇满志的感觉。毕竟我本人是学管理出身，又因管理出道被人发现。我一人身上同时拥有高校理论的高度，也有政府工作的宽度，还有外企工作的精度，相信接下来肯定是要大展宏图了。

我们那一家国有企业当时领导班子只有五人，我是其中年纪最小的，其他人都要年长我二十几岁。每次班子开会，我都觉得比较压抑，因为一些看起来无关痛痒的问题总是要没完没了地商议好长时间，而一些我觉得重要的问题则无人积极响应。

我当时认定，这肯定是一个效率低下、墨守成规的团队。与其等候旷日持久的商讨，不如主动请缨，杀出一条血路。所以在集团班子会上，我都抓紧时间亮出自己的观点，然后袒露心迹：如果大家觉得事情比较重要，让我做吧。每每此时，会上一定一致通过。我终于可以跨过冗长的过程，尽情施展了。

但是，过了半年之久，我一事无成。现在想想，我自己都自惭形秽——还是嫩呀。

我承认当时集团给了我非常好的待遇。那时是在20世纪90年代，我拥有两间办公室，两个秘书，一台笔记本电脑，一辆售价超过40万元的汽车，还有一个寥寥几人之下、数千人之上的位子。

但是后来我才明白，前面所提的东西都是外在，仅仅满足了一个年轻人的虚荣心而已。而这些外在的物质条件距离可以让我大展宏图还相差甚远。

我有一个令人羡慕的职位，但有职位仅仅属于有势，有势未必有能。我有一个管辖几个部门的职位，但有职未必有权，有权也未必有力。最简单的是，在集团上上下下我根本没有队伍，一个“光杆司令”大呼小叫着要大展宏图只会贻笑大方。

当我清醒的时候，我就改变了。在班子会上我不再跃跃欲试去争取机会了。我知道即使有再多的机会，如果没有队伍也很难完成，只会授人口柄。我开始隐藏起来。我开始保护自己了。

江山易改，禀性难移。即使知道了应该躲藏起来，在面对有些事情时我难免还会有冲动。于是不争做事的我，开始不厌其烦地发表见解了。

想想还是单纯，还是急于把事情弄成自己想象的样子。我当时天真地以为通过帮助、提示甚至指导别人，就可以把事情做成自己希望的样子，通过“借刀杀人”“借船出海”“借鸡下蛋”就可以实现自己的目标。

我绝对是再次犯下高估自己、低估别人的毛病了。想想就不寒而栗，一个乳臭未干的毛孩子的心思怎么可能不被那些职场“老油条”看穿。所以我设想借力打力，充其量也就是想想罢了，结果是根本无效。

无声的较量再次以我的失败告终。我应该感谢他们，是他们让我更加成熟。同时我也必须承认，他们都是好人，他们除了保护自己之外对我也绝对没有包藏祸心，依据是他们如果当初真想算计我的话，我绝对无还手之力。

人的成熟不在于认识到自己有多么强大，相反，是在于认识到自己有多么渺小。我再次调整自己，不再为了证明自己去强出头，也不再为了驱使别人而出主意，而是站在一个相对客观，能够帮到别人、帮到事情的角度去提出建议。

我瞬间便领教了身边人的聪明。我的这一变化立即被他们发现，当他们认为我的建议确实有益于事情、有益于他们，我才真正融入了他们，才有可能发现另外一些原本不为我所知的情况。

在班子会上经常会讨论一些问题，从公开谈论的背景条件来看，处理起来应该毫无难度，也有相关的公认原则可以依据，然而往往大家讨论来讨论去得出的决定竟然与原则相去甚远。我有时试图将讨论拉回正轨，但努力往往适得其反。接下来大家全都用友好的，同时略带同情的目光注视着我，然后说：就这么定了吧。

我丈二和尚摸不着头脑。

比如，有一次班子会上讨论一个集团部门副总经理调岗的问题。他本人向班子成员提出，因为在集团机关工作已经很长时间了，希望到基层业务部门锻炼一下。

在讨论他的调岗要求时，大家比较犯难。因为下属各个业务单位都没有一把手的空缺。我提出让他到一个下属企业先任副职，结果大家一致说：那他不会干。

我奇怪，他接不接受很重要吗？本身机关部门副职与下属单位副职即属于同一职等，再说他又没有任何从事业务经营的经验，这样安排已经属于集团目前可以做到的比较理想的调整了，又何必在乎他愿意不愿意呢？

但是除我之外，所有人都说，要么不调动，要调动一定要安排一个一把手的岗位。最后的结论是，在集团下属专设一家新的业务单位，提拔他任一把手，法人代表。

匪夷所思。

我猜到一定有一些决策背后的原因不为我所知。于是在会后，我诚恳地向他人请教，经人点拨我恍然大悟——因为把他调任是他的姐夫提出来的，而他的姐夫是市长。

还固执己见吗？

我不由得笑我自己，连这么重大的背景条件都不了解，还与人争论，这不是犯傻吗？

经过了多年的各式摔打，在职场上为上级提建议，我总结出了3点经验与大家共勉：

（1）为人建言献策，还是少有私利为好。人人都是聪明的，不要寄希望于别人看不出来。

（2）所提建议应便于操作，以对人有帮助为好。不可虚无缥缈、空中楼阁。

（3）力争全面了解诸多条件，再谨慎建言。

事中：提建议应选择合适的场合和形式

有一个问题至为关键：为上级出谋划策，是为了显示自我高明还是为了让组织接受？你为上级出谋划策是为了提建议，而提建议还是为了你的建议可以被采纳和落实，所以，当然是后者。为了达成此目的，我们就有必要考虑有助于达成此目的的途径与方法。

讲一个故事吧，一代君王唐太宗李世民的故事。

相信一定有人马上回应，那是开创一代盛唐的千古圣君。

为何评价如此之高呢？以唐朝与隋朝相比，唐朝社会景气远远逊色于隋朝，如何称为盛唐？一个将自己的父亲从皇位驱赶下去的人，一个杀害了两位亲生兄弟的人，一个喜怒无常，靠杀戮发家的人，凭什么称为千古圣君？

不对呀，说到唐太宗，历史书上会说到贞观之治的盛世，会说到从谏如流的雅量。为什么不能说他是千古圣君呢？

真实的历史其实与史书记载真是相距甚远。

先说贞观之治，仅仅是史书所言盛世而已。贞观之治最强盛时唐朝生产力水平较隋朝呈现明显地大幅下降，连人口都不及隋朝时2/3。与隋朝相比尚且不如，何来盛世之说？

再说从谏如流，你能说出来的，唐太宗接纳了谁的意见呢？

首屈一指——魏徵。

史书为我们描绘了许多魏徵敢谏、唐太宗纳谏的故事，描绘了一系列关于二人美好得有些做作的故事。

李世民与魏徵

魏徵早年投靠唐高祖李渊，为太子李建成做事，很受太子的器重。后来，李世民发动“玄武门兵变”，杀死哥哥李建成。李世民知道魏徵是李建成倚重之人，便责问他：“你为什么要离间我们兄弟的感情？”

可是，魏徵却回答说：“如果皇太子早听我的话，肯定不会落到今天这样的下场。”李世民听后，被魏徵这种不畏强权及正直的精神所感动，因此，不但没有处罚他，反而重用了他。

不久，李世民委任魏徵为谏议大夫（专门向皇帝提意见的官职），后来又提拔他当宰相。建国之初，唐太宗励精图治，经常召见魏徵，与他讨论治国施政的得失。魏徵大胆进谏。在他任职的几十年间，为了使大唐民富国强，先后向唐太宗进谏了二百多次。每一回，唐太宗都慎重地思考他所提的意见，尽量采纳。

由于魏徵能够犯颜直谏，即使唐太宗在大怒之际，他也敢面折廷争，从不退让，所以，唐太宗有时对他也会产生敬畏之心。

有一次，唐太宗想要去秦岭山中打猎取乐，但却迟迟未能成行。后来，魏徵问及此事，唐太宗笑着答道："当初确有这个想法，但害怕你又要直言进谏，所以很快打消了这个念头。"还有一次唐太宗得到了一只上好的鹞鹰，很是得意，但当他看见魏徵向他走来时，便赶紧把它藏在怀中。魏徵故意奏事很久，致使鹞鹰闷死在怀中。

一次，唐太宗怒气冲冲地回到后宫对皇后长孙氏说，总有一天，他要杀掉这个"乡巴佬"。长孙皇后忙问杀谁。太宗说，魏徵常常在朝堂上当众刁难他，使他下不了台。皇后听了，连忙向太宗道喜说，魏徵之所以敢当面直言，是因为陛下乃贤明之君啊。明君有贤臣，怎能妄开杀戒？

太宗恍然大悟，此后对魏徵倍加敬重。魏徵也进谏如故，从不畏龙颜之怒。由是，君臣合璧，相得益彰，终于开创了大唐"贞观之治"的辉煌盛世。

魏徵死后，太宗如丧考妣，说出了那句千古名言："以铜为镜，可以正衣冠；以古为镜，可以知兴替；以人为镜，可以明得失……魏徵殂逝，遂亡一镜矣。"

上面的资料，我们可以非常容易找到，其他描述李世民与魏徵的故事内容也大体如此。现在有太多人认为这就是历史，这就是我们应该在历史上可以看到的温馨、和谐的一幕。但是，这些仅仅是被记载的史料，可能情节真实，不过背景却绝非真实。

一个真相即可打破流言。魏徵死后，李世民下令掘挖了魏徵的坟墓。

拨开历史迷雾，让我们细细道来。

作为一位篡权上位的政变皇帝，李世民平生最大的心愿便是将其形象在历史上转为正面典型。要想做到这一点，必须要为史官留下一点素材，好让史官借题发挥，篡改历史。

魏徵便应运而生。

所以李世民便容忍甚至可以说是纵容了魏徵向他提出意见，因为魏徵提意见的方式越离谱，史官的发挥空间越大，越能够在史书上塑造李世民的高大形象。

这就是真相。君主为青史留名与臣下二人共同配合上演的一出“进谏与纳谏秀”。

那么，后来又是基于什么原因李世民会斯文扫地，不顾多年苦心诣旨所塑造的形象，掘挖了魏徵之墓呢？

因为李世民发现了一个秘密。

李世民一直以为无人可以发现他的处心积虑，他的行为不仅可以欺骗后人，同样可以欺骗当世之人。

怎奈，强中自有强中手。

后来有人在魏徵死后向李世民告发，魏徵之所以勇于直面李世民，以不计后果的方式甚至带有羞辱性的方法“折磨”李世民，是因为他与李世民有相同的想法，魏徵也需要通过这件事情青史留名。

当唐太宗以魏徵为工具塑造自己的千古美名之时，魏徵同样也以唐太宗为工具塑造自己的千古美名。

在今天，我们如何理解这一幕？相互利用？双面间谍？连环计中计？终极无间道？……

想玩人之人，最终被人所玩。

戏法拆穿了，心里的优越感没有了，李世民气急败坏了。

这是多么难以理解的故事，遗憾的是，这才是真的。

以上是一个近乎极端的例子，接下来再给你讲另一个极端的故事。

华西列夫斯基与斯大林

华西列夫斯基，是“二战”时期苏联著名军事将领。

在“二战”时期，华西列夫斯基任苏联军队的总参谋长。他在任总参谋长期间为斯大林出谋划策之时所采取的方式可说让人匪夷所思、难以捉摸，但在事后则不得不让人大呼奇妙、叹为观止。

“二战”时期，斯大林独揽了苏联全国的最高权力，以高度集权的方式掌控着苏联的反法西斯战争。一则从个性而言，斯大林就是一个刚愎自用、强势坚定、独断专行的人；二则当时苏联的权力体系也注定了斯大林必须在众人面前展示威武不屈、果断坚定、毫不退让的一面。在特殊的历史时期，面对这么一位特殊的上级，作为总参谋长的华西列夫斯基如何能够更好地为斯大林提供建议，并最终可以被斯大林采纳接受呢？

华西列夫斯基的建言方式可说极其古怪，但又极富智慧。通过不断地揣摩斯大林的特点，华西列夫斯基发现斯大林非常注重自我的内心感受，对于下级长篇大论、构思严谨、思路清晰、逻辑关联性较强，同时也让斯大林自我丧失了拔高评点的建议注定本能地予以反感。相反，斯大林热衷于将零散细屑的细节、片段和杂乱无章的信息通过自我思考整理成为崭新的完整思路。说白了，斯大林不愿意重复别人的思路，他喜欢自我原创的快感。

基于这些观察，华西列夫斯基在每次为斯大林提建议之时，他都没有直截了当地把结论告诉斯大林，而是提前把形成结论的前端素材以零敲碎打、不着边际的方式对着斯大林东拉西扯。表面上看起来既不系统，也不深刻，但是就是这些东西却每次都能让斯大林有所感悟，迅速找到战略要点，得出战略思路，布置好战略步骤。面对这些，我们不由得感叹：此真乃化腐朽为神奇。

更有甚者，在每次由斯大林所主持召开的军事会议上，面对众多军中同人华西列夫斯基甚至不惜自毁形象。点到华西列夫斯基发言时，他每次都准备一些希望斯大林接受的想法，但这些都是用上述的那种方式说出来，同时让人感到语无伦次、结结巴巴、词不达意，使人如坠云里雾中。当然，华西列夫斯基也会准备一些不希望让斯大林接受的想法，但每次说到这些想法时，华西列夫斯基突然变得口若悬河、思路清晰，不过仔细分析不难发现要么难以实施，要么空洞无物。

接下来，在由斯大林所作总结时，斯大林势必要对华西列夫斯基清晰表达的无用想法嗤之以鼻、大加申斥，然后将华西列夫斯基混乱表达的想法加以概括归纳成为相对准确的战略部署。在外人看来，每次开会华西列夫斯基注定会被批驳，但无人知晓，斯大林最后所做部署却是华西列夫斯基精心布局所得。

如何评价华西列夫斯基的所作所为？牺牲别人对自己的形象评价，服务于组织决策的科学性。

华西列夫斯基的方式真的够极端的，或许有人在此时要问上一个问题：非要用这种方式不可吗？

答案是：如果这是唯一的一条道路，你走不走？

斯大林是个什么人？

从下面这个小笑话中，可以找出一些蛛丝马迹。

话说列宁临终前，紧握着斯大林的手说："斯大林同志，我担心我死后党内的同志不跟你走哇。"

斯大林说："放心吧，列宁同志，如果他们不跟我走，我就让他们跟你走。"

面对这样的上级，除了华西列夫斯基所使用的招数，难道还有什么其他的办法吗？况且在精明的斯大林在对华西列夫斯基的好意照单全收的时候，也没有辜负华西列夫斯基的期望，当然也对华西列夫斯基欣赏有加，提携有加。

尽管华西列夫斯基的建议屡屡都能够被斯大林所接纳（当然这种方式对于外人而言并不知情），但是军中同人仅仅看到在斯大林主持的军事会议上华西列夫斯基每每遭受斯大林的诘难，所以对于华西列夫斯基的评价逐渐降低。

只不过其他人似乎永远无法理解，那个不断被斯大林训斥的华西列夫斯基，那个让大家瞧不起的华西列夫斯基，为什么总被提拔，一路高升。

1931 年秋，华西列夫斯基调入苏联红军军训部。

1935 年被选派到总参谋部军事学院深造，毕业后，华西列夫斯基上校被任命为总参谋部战役训练处处长，之后被提升为作战部第一副部长兼战役训练处处长。

1941 年 6 月，苏德战争爆发，8 月上旬，华西列夫斯基升任副总参谋长兼作战部部长，获少将军衔。

1941 年 9 月底，德军兵临莫斯科城下，斯大林在 10 月 28 日签署命令，授予华西列夫斯基中将军衔。

1941 年 11 月，斯大林任命华西列夫斯基中将担任代理总参谋长。12 月 5 日，华西列夫斯基指挥苏军实施了自开战以来的首次大规模反攻，取得了莫斯科保卫战的胜利，德军不得不改闪击战为持久战。

1942 年 4 月，华西列夫斯基被晋升为上将。

1942 年 6 月，华西列夫斯基被任命为苏军总参谋长。

1942 年 7 月，斯大林格勒告急，华西列夫斯基上将作为最高统帅部代表前往斯大林格勒，后出任南部战线斯大林格勒地域作战的总指挥官，指挥三个方面军的苏军围歼了斯大林格勒区域的 30 万德军。

1943 年 1 月 18 日，华西列夫斯基被授予大将军衔，并获苏军首次颁发象征统帅级别的奖章“苏沃洛夫一级勋章”。

1943 年 2 月 16 日，苏联最高苏维埃主席团发布命令，授予华西列夫斯基“苏联元帅”军衔，以表彰他为斯大林格勒会战所做出的贡献。

上级在许多部属的眼中似乎是无所不能的，但事实上这是一个严重的误区。上级所处的地位，注定了他要承担更重的责任和压力。在很多时候，上级同样会遇到难以解决和取舍的问题，有时甚至也会犯错误，这个时候，作为下级，你要学会理解上级，体会上级的处境和心理，进而来帮助上级解决难题，走出心理困扰，而不是袖手旁观，更不能幸灾乐祸。

上级也是人，也会有自己的烦恼，甚至也会因此而影响对工作的判断。有的时候，上级也会被迫做出一些令下级难以理解和接受的事情。这个时候，作为下级，先不要急着去辩解，去弄清事情的来龙去脉，而是应该首先了解上级之所以这样做的心理动机，了解上级真实的想法，找到上级最初的心理动因。这样，你就会理解上级被迫做出决定的处境和心理，就会体会上级的难处和迫不得已。没有一个上级会无缘无故地做让人不理解的事，他必然有不愿意为下级所知的处境和心理。

所以，作为下级，在上级遇到心理困扰时，首先应该用心去了解上级的处境，在了解的基础上，进而理解上级，并尽力去帮助他。尤其是在上级工作出现失误的时候，千万不要持幸灾乐祸或冷眼旁观的态度，这会令他极为寒心。此时的你应该帮他总结教训，多加劝慰。持指责、嘲讽的态度容易把关系搞僵，使矛盾激化。己所不欲，勿施于人。将心比心，当你犯错、失败的时候，也是希望得到别人的帮助、劝慰而非冷嘲热讽甚至落井下石吧？你的上级也是如此，如果你能体谅上级的处境，并且在他需要的时候伸出援助之手的话，你定会得到上级的信任，上级以后也会对你另眼相看。

在如何对待上级的错误问题上，员工普遍存在两种认识上的误区：一是认为老虎的屁股摸不得，上级的错误提不得，最好睁一只眼闭一只眼，只当不知道，反正出了问题由他们自己担着；二是认为现代企业提倡民主，看到上级有错误应该立即坦率地指出来，这才是主人翁姿态。第一种

是明哲保身的态度，但不要忘了上级犯的许多错误会与员工的工作息息相关。错误决定会导致大量无用功，导致员工自身业绩下降，上级最终很可能怪罪到你的头上，认为是属下的无能导致了失败。如果他知道你原先有想法却不说，反而会更加愤怒。第二种人其心可嘉，其言却不可取。这类员工往往过分高看了上级的心理承受能力，忽视了上级“被尊重”的心理需要，不知不觉中就得罪甚至伤害了上级的自尊心，为自己的职业发展埋下了祸根。

实际上，遇到这样的情况，下级需要把握好这样几条心理原则：一是不要将上级看成完美的人，不要以为上级心理都很健全、理性、大度。恰恰相反，现实中不少上级通常会感情用事，有时也不那么公正（虽然他们自以为公正）。尤其是上级的自尊心一般都比较强，“大度”通常是做给别人看的，其实上级也喜欢被赞美，害怕被指责。如果理解了上级真正的心理需求，下级在表达想法的时候就不会过于坦率。“适度”是向上级表达意见最重要的修养，是对他人尊重的表现。二是不只将上级看成“上级”，而要看成你的“客户”。做销售的人最有体会，当客户有了不合理甚至错误的要求时，直截了当地拒绝或表达愤怒、抱怨往往无济于事，搞不好还会激怒客户，使客户对你有看法。最好的方法是毕恭毕敬、小心谨慎，或晓之以理、动之以情，最终只有一个目标，尽量减少错误，最终拿到订单。你需要做的就是分析上级此时的心理需求，将上级看成自己的客户，在满足其心理需求的情况下，帮助上级实现了他的目标。当“客户”身上发生不合理的情况时，你要做的就是以最恰当的方式，提供你的建议，并努力提高工作绩效，使之朝最有利的方向发展。

事实上，在你眼里上级犯“错误”，其实只说明你和上级看问题的角度不一致。下级不是上级，常常不能从更高的视角来看待问题。另外，敢于替上级承担部门决策失败的责任，是一个成熟的下级应有的心理能力。这种能力可以真正帮助上级和企业成长。

事后：决策形成，功过皆归上级

你为上级出谋划策，上级接受了，推出政策众人反响奇好。此时，你还按捺得住吗？会不会蠢蠢欲动，逢人便问，知道那个主意谁出的吗？我出的！

我们把问题再转换一下。

你为上级出谋划策，上级接受了，推出政策众人皆破口大骂。请问，此时你还会逢人便告之，知道那个主意谁出的吗？我出的！

主意出完了，就跟你没有什么关系了。因为出主意和做决策完全是两码事。

主意仅仅是想法，在决策之前主意不会产生任何事实性的结果。

决策才是上级付诸行动，以及行动之后产生结果的行为。

两者必须分开。

功与过本身是对事情结果的判定，而决定事情是否会有结果的关键性行为是决策而不是主意。你的主意有可能好也可能不好，上级在决策将你的主意付诸行动之时，他就势必承担了做出这个决策所可能导致的功与过。在权力与职责必须对等的原则之下，功过皆归上级是必然的结果。

这个道理你也必须明白。

第五式

迈开腿：拓展上级视野

（修炼要领：补强）

在执行上级决定的部分曾经提到如下观点：上级与下级工作关注点不同，就工作性质而言，上级涉及的事务肯定要比下级宽，但就具体事务而言，下级无疑应该比上级涉及得更深一些。再加上一点说明，上级负责的是整体工作，下级负责的是专门工作，因此在针对负责专门工作方面，下级有机会比上级了解更多、钻研更深、想得更透彻。

所以，在与上级合作当中，下级有必要将自己打造成为上级的望远镜、上级的显微镜和上级的手术刀。

做上级的望远镜，要求下级给上级更多关于工作对象的背景、资料以及事物彼此之间的联系，能够让上级看得更远、更宽。

做上级的显微镜，要求下级给上级更细、更具体的东西，比如做好事情的秩序以及逻辑关系，以便上级了解更多。

做上级的手术刀，要求下级将事物拨开表层看里面，清晰描述事物内在相互联系、制约的条件关系，让上级有机会了解由于自己未能深入了解而可能忽略的东西。

好了，到了给你建议的时候了，这些建议就是：发现上级没看到的；想到上级没想到的；做到上级做不到的。

发现上级没看到的

有一个观点，大家在认同了之后此部分才能很好地展开。

在工作当中，没有心得，不会总结的人一定是蠢笨的人；

总结、提炼心得之后，不与同事分享（尤其不与领导分享）则是自私之人。

我们说发现上级没看到的，就是强调总结并分享。

你作为职场中人，如果本身不具备较好的素质与能力，我们如何设想你可以被职场接纳与使用？将你的知识、经验奉献于职场本身就是职场与你的契约关系所决定的事情。反之，你则不具备在职场生存的理由与借口。

再者，参与工作是职场给你的机会，依此机会获得的才学与经验当然要回馈于职场。“取之职场，用于职场”的道理相信大家不会不懂。将工作当中的发现、总结与人分享，绝对是一个会获得丰硕成果的智慧做法。

道理很简单。我给你一百元钱，你再给我一百元钱，我们之间谁也穷不了，谁也富不了，因为我们的财富没有变化。我给你一个好主意，你再给我一个好主意，我俩就不一样了，因为在我们分享之后每个人都有了两个好主意。

与十位同事去分享十个好主意。

与一百位、一千位同事分享一百个、一千个好主意……

相信我们绝对会成为富翁。我们不仅丰富了自己，同时也未去掠夺别人，这是一个多么快乐的过程。

如果有了新的发现，与上级分享吧。因为这相当于是你替他发现的。

来看下面这个“千金买骨”的故事。这个故事出自《战国策·燕策一》。

千金买骨

曾经有一位国君，他非常欣赏书上描写的那些千里马，但没有亲眼见过。他给了一个手下一千两黄金，让他去买一匹千里骏马回来。

这个人便访求国中所有养马的人，但始终找不到。有一天，他见到一群人围成一圈在议论叹息，便走过去问究竟。原来恰好有一匹好马不幸病死，大家觉得可惜，对着马的尸骨叹息。这个人便用五百两黄金把这匹马的尸骨买了下来，众人都感觉奇怪。

这个人回国见到了国君，国君一看，非常愤怒，指责道：“我让你买马，你买匹死马回来，有什么用处？你怎么知道它是千里马？真是没用的废物！退下！”

可这个手下却说：“大王您不要发怒，请让奴才把话说完再处罚我。我之所以买这匹死马，正是为了您能得到更多活的宝马良驹。您想，我这个举动大家都感到奇怪，一定会纷纷议论，互相传说。连死了的好马都这么被君王看重，更何况真正活着的宝马呢？所以您不要着急，我保证不久就会有人带着千里马送上门了。”

结果不到一年，国内但凡有好马的人都纷纷来参见国君。

下级只有亲自去操作过了，才可能知道收购“千里马”的难度，而这一点往往是上级没有注意、没有发现的。因此，作为下级，应该将自己的发现告诉上级，替上级找到解决问题的思路。

只有上级感兴趣，有所感悟，才可能发现下级的智慧，才能给予下级足够的重视。

发现上级没看到的，就是要为上级分忧解难，毕竟上下级角度不同，看到的问题也可能不一样。

著名的学者克劳塞维茨因为撰写了《战争论》而名垂青史。曾经有人质疑他的某些观点，认为他的层级较低所以观点可能不够权威。克劳塞维茨的解释非常独到。他说："要想知道山峰的高度，最好去山脚下。因为我的位置低，所以我才能看清楚从高的地方无法看到的东西。"

从下级的角度有可能看到一些从上级的角度发现不了的东西，告诉上级之后，很可能让上级恍然大悟，茅塞顿开。

分拆垄断国企

在中国一所家喻户晓的知名学府当中有一位德高望重的教授，因其反感一家大型国企的垄断行为，认定这种行为是对市场规则的严重破坏，所以在不同场合数次建言分拆该企业。

哪曾想一不小心，此言被一位超高级别领导听到，领导觉得此不失为一条好的计策，就此可以解决诸多难题。

但想分拆这家国企，并非那么容易。大型国企多年盘根错节，早已大而不倒，势力超群，自然不愿被动接受任人分拆的命运。所以，当领导在多种场合调研，征求分拆意见之时，大型国企的相关负责人表面上满口应承，但随即抛出棘手的问题让领导难以招架。

"我公司在建设发展过程当中曾经耗费巨大额度的'国债'，如果强行分拆，则丧失了偿还主体。您说原先一家公司所欠的巨额'国债'在公司被拆分之后，'国债'份额依据什么原则切分，让谁偿还？"

领导知道这是一个难解的问题，欲将"国债"切分清楚就已难上加难，然后再去说服分拆后的各个部分承担相对应的份额，恐又耗时多日。根据以往的经验，单就此事而言，想必分拆之事最后不得不不了了之。

但是尾大不掉，市场规范的要求和广大民众的怨声载道又逼迫领导无法不下决心去处理这个棘手的烂摊子。

于是，领导差遣自己的办公室主任赴那所家喻户晓的高校去听这位教授的课。办公室主任在课间将难题向教授抛出，征询教授意见。

教授问道："分拆的难题仅局限于'国债'由谁来还的一件事吗？"

办公室主任回应："是的。"

教授："那就分拆吧，该下决心了。"

办公室主任问道："不还'国债'怎么办？"

教授笑了，说了一句话。

听了教授的话，办公室主任也笑了。

教授说："你不拆，他也不会还。"

于是分拆，形成今日相对理想的市场竞争格局和消费者较能接受的资费标准。

这就叫"一句话点醒梦中人"呀。如果恰好你点醒的又是一位承担重大责任的上级，这就叫为民福祉，造福千秋呀。

想到上级没想到的

从团队理论的研究结果来看，能够成为领导的人，绝对不是因为智商较高就可以胜任。优秀的领导往往出自于那些情商高、智商中等的一类人。

真正可以担当领导职责的人，一般不是单纯依靠自己的个人能力去打拼的人，那种人属于“独行侠”，不是能够群策群力、调动众人积极性的好领导。好领导往往是能够包容地把众多其他人的原创想法与其他人的个人能力加以融合、加以应用的人。

尤其在一些具体事项上面，上级的决策需要下级给他提供独立、客观的建议，上级在接收到这些信息之后，融会贯通才会得出更为合情合理的新决策。所以下级在上级面前可能不用表现得权威，但一定要专业。为了说明这个道理，下面讲一个我国古代的故事。

管仲答养马

春秋时期的一天，齐桓公在管仲的陪同下，来到马棚视察养马的情况。他一见养马人就关心地询问：“马棚里的大小诸事，你觉得哪一件事最难?”

养马人一时难以回答。

这时，在一旁的管仲代他回答：“从前我也当过马夫，依我之见，编排用于拦马的栅栏这件事最难。”

齐桓公奇怪地问道：“为什么呢?”

管仲说道：“因为在编栅栏时所用的木料往往曲直混杂。你若想让所选的木料用起来顺手，使编排的栅栏整齐美观、结实耐用，开始的选料就显得极其重要。如果你在下第一根桩时用了弯曲的木料随后你就得顺势将弯曲的木料用到底。像这样曲木之后再加曲木，笔直的木料就难以启用。反之，如果一开始就选用笔直的木料，继之必然是直木接直木，曲木也就用不上了。”

听了管仲的这一番高论，齐桓公深为佩服，确定了以正直作为国家选拔贤才的标准，世代相传。

管仲是一个在中国春秋时期举足轻重的人物。他精于思考，勇于实践，同时思考缜密、精确判断结果。他为齐桓公霸业的确立做出了无可替代的贡献。他的对待周边各国的战略思维和与邻国相处的原则，即使在今天依旧可以为我们提供很多启发。

还有一个例子可以为我们的建议提供佐助。

有一年，郑国发生了内乱。齐国的管仲因此建议齐桓公出面调解郑国内乱（用今天的话说是承担负责任大国的职责），以此来提高齐国的地位，加速实现做霸主的目的。郑国厉公回国第二次登位称君后，为巩固君位，于是联合齐国。管仲抓住这一时机，建议齐桓公联合宋、卫、郑三国，又邀请周王室参加，于齐桓公六年（前680年）在鄄（今山东鄄城）会盟。第二年齐桓公又以自己名义召集宋、陈、卫、郑又在鄄会盟（相当于今天的“G5峰会”）。这次会盟非常成功，取得圆满成果。从此齐桓公成为公认的霸主。

当初齐国在救燕国时，鲁国也表示联合出兵支援，但后来鲁国按兵不动，未能给予齐国应有的支持。对此齐桓公非常气愤，想出兵惩罚鲁国。管仲并不同意因为这件事情讨伐鲁国，他劝说齐桓公：“鲁国是齐国的近邻，不能为了一点小事就出兵，影响不好。为了齐国的声誉，我们可主动改善两国关系。这次征燕胜利，得到一些中原没有的战利品，不如送给鲁国一些，陈列在周公庙里。”

齐桓公听了觉得很有道理，就赞成了这个意见。这样做对鲁国上下震动很大，其他各国反映也很好。

管仲绝对不是一个在短视的狭小格局中求取小利益的人。他已经超越互动，从因果的角度考虑问题。所以在齐桓公心中，他值得信赖，值得托付（事实证明，没有了管仲，齐桓公的下场极其悲惨）。

我们在职场中如何借鉴上述经验呢？

我们承认，领导非全能，领导需要有人帮助，所以积极主动地给予上级应有的帮助是职场中人的必需选择。但是在给予上级帮助时，我们不建议你给上级一些脑筋急转弯式的建议，因为那种东西刚刚听到时好似豁然开朗，但是实际操作当中未必有效。

当今时代，“一招鲜，吃遍天”早已过时了。欲想真正为上级分担，建议你自己首先必须专业。自己昏昏岂能使人昭昭。尽量把自己打造成一个专业人士，了解问题的整体性框架，多给领导一些限制性的因素，再让领导做出选择。

来自人力资源部的意见

在中国有一家企业原有员工600人，年营业额200亿元。领导希望在几年内在业务格局没有大变化的情况下将营业额提升3倍，达到600亿元。

人力资源部门经过认真分析给领导提出如下建议：根据现有业务模式，人力资源部发现员工的营业额贡献率呈现一种非常明显的边际递减效应。所以如果业务格局不变，想达到营业额600亿元，员工数量绝非简单地递增三倍即600×3=1800人，而是将突破3000人，而这可能是公司无法承受的。

于是人力资源部的员工向领导提出，欲将营业额提升3倍，可行的选择是：要么改变现有业务格局；要么承受3000人的人员规模。此时，领导再也不必一头雾水，只需要清晰地二选一。

最终领导选择的是改变现有业务格局，从而实现了公司营业额增长3倍的战略目标。而回顾当初的选择过程，领导认为是人力资源部员工的专业化能力使得公司少走弯路，及早步入正轨。

做到上级做不到的

在职场上，上级做不到的事情有以下几类：其一，上级不愿做；其二，上级不会做；其三，上级不方便做。

针对不同的情况，作为下级应对方式也要有所不同。

对于上级不愿做的事情，下级应分析该不该做。如果分析结果是做了后利大于弊，为什么不去说服上级，陈说利害，说服他做呢？

对于上级不会做的事情，只要获取上级指派代替上级做好了。

对于上级不方便做的事情，下级一定要精心设计、谨慎实施，不露声色地帮助上级完成。

在这个方面有个楷模，值得学习。这个人叫萧何。我们无意将萧何归类为“好人”还是“坏人”，我们称萧何为职业人。

说到萧何，你想到的一定是“萧何月下追韩信”，那我们就先讲这个故事。

萧何月下追韩信

当年项梁率领抗秦义军渡过淮河向西进军的时候，韩信带了宝剑去投奔他，留在他的部下，一直默默无闻。项梁失败后，改归项羽，项羽派他做郎中。他好几次向项羽献计策，都没有被采纳。刘邦率军进入蜀地时，韩信脱离楚军去投奔他，当了一名接待来客的小官。有一次，韩信犯了案，被判了死刑，和他同案的十三个人都挨个被杀了，轮到杀他的时候，他抬起头来，正好看到滕公，就说：“汉王不打算得天下吗？为什么杀掉壮士？”滕公听他的口气不凡，见他的状貌威武，就放了他。同他谈话，更加佩服得了不得，便把他推荐给汉王。汉王派他做管理粮饷的治粟都尉，还是不认为他是个奇才。

韩信又多次和萧何谈天，萧何认为韩信与众不同。汉王的部下多半是东方人，都想回到故乡去，因此队伍到达南郑时，半路上跑掉的军官就多达几十个。韩信料想萧何他们已经在汉王面前多次保荐过他了，可是汉王一直不重用自己，就也逃跑了。萧何听说韩信逃跑了，来不及把此事报告汉王，就径自去追赶。有个不明底细的人报告汉王说："丞相萧何逃跑了。"汉王极为生气，就像失掉了左右手似的。

过了一两天萧何拜见刘邦，刘邦又怒又喜，责问萧何："你为什么要离开我?"萧何说："我怎么敢离开，我是去追要离开的人。"刘邦问："你去追谁?"萧何答："韩信。"刘邦又问："走了那么多人你都不去追，却去追韩信，为什么?"萧何说："走的那些人都比较容易得到，但是韩信却找不到第二个，大王如果只是想长期在汉中称王那可以不用韩信，如果想争夺天下，那除了韩信就没有能为大王解决的人了，这全都看大王你的打算来决定的。"刘邦说："我也想东进，怎么能一直待在这个地方呢?"萧何说："大王如果想东进，能重用韩信，他就会留下来，不能重用他早晚会离开大王的。"刘邦说："我让他做将军。"萧何说："如果只是让他做将军，韩信一定不会留下。"刘邦说："那让他做大将。"萧何说："这很好。"于是刘邦就想叫韩信来册封他，萧何说："大王向来轻慢无礼，现在任命大将就像叫小孩一样，这就是韩信要离开的原因。大王想要任命他一定要选一个好日子，斋戒、设坛场等礼数都齐全了才可以。"刘邦同意了。

读罢掩卷，如果中国的历史都是这些故事，我们会感觉到多么温暖、多么幸福，问题是并不是完全都是这样。同样是这个萧何，同样在面对韩信时，他又展现出了另外一种面目。

讲完"萧何月下追韩信"，我们重点要讲的是"成也萧何，败也萧何”。

成也萧何，败也萧何

公元前197年（汉高祖十年），陈稀举兵反叛。刘邦亲自带兵平叛，长安空虚。韩信准备在长安举事，不幸走漏了消息，有人向吕后告发韩信准备谋反。吕后想把韩信召进宫来，又怕他不肯就范，就同萧何商议。最后，由萧何出面，假称北方传回捷报：叛军已败，陈稀已死，邀请韩信进宫向吕后贺喜。韩信哪里想到极力举荐自己而且一向过从甚密的萧何会是杀害自己的主谋。结果韩信刚入宫门，就被事先埋伏好的武士一拥而上，捆绑起来。吕后将这一代名将带至长乐宫钟室，残忍地杀害了。

韩信之所以能够在刘邦手下成为一名大将军，确实是萧何的推荐，现在被处死，也出自萧何的计谋。所以民间传言：“成也萧何，败也萧何。”

萧何为何要追韩信？前文说过，两人私交较好，关系不错，最关键的是萧何认为韩信是刘邦可以倚重的旷世奇才。既然两人关系很好，萧何为什么又要参与之后设计除掉韩信呢？

因为萧何真正要为其负责的人是刘邦。这是萧何的职责所在。

根据历史书目中一些野史记载，当时秦末楚汉之争时真正能够威胁到刘邦获取帝位的人普天之下只有一个人。这个人不是项羽，而是韩信。

许多古书记载，相传当时天下只有两人显露出帝王之相，一个是刘邦，另一个就是韩信。但是韩信的帝王之相显露在背部，韩信的正面则显示为一“死相”。所以这就解释了为什么韩信受辱于胯下反而可以名扬天下，稍稍趾高气扬便时运不济，遭人诛杀。

是冥冥之中的昭告吗？韩信的例子无外乎告诉我们一个极其残忍的现实：如果你能力尚未强大，强大到可以逆天的程度，还是小心谨慎，“夹起尾巴做人”比较安全。

从拥有大智慧的刘邦入手分析，刘邦内心其实并不惧怕貌似强大的项羽所代表的外部压力，但绝对担心韩信在刘邦体系内部的祸起萧墙。所以刘邦始终在小心地应对韩信的各种要求，甚至不惜破例赐予韩信以“楚王”（类似于出让部分股份于韩信）的名分。但是刘邦的退让是有底线的，他在静观时变，一旦时机成熟，大业即成，如何解决韩信的问题就摆上了刘邦的议程。

虽然刘邦曾经生擒韩信，但又囿于各种原因无法名正言顺地将其处死，只好将其由楚王贬为淮阴侯了事。但是在刘邦心中，韩信绝对是第一心腹大患，韩信一天不除，刘邦注定寝食难安。此时刘邦内心渴望着出现一个能够代替自己完成心愿的“职业操盘手”。

历史再次把机遇推给了萧何（当然还有那个执行力超级强的吕后）。

当韩信被吕后身边的武士拿下后，韩信依旧希望可以保留性命。他提出曾与刘邦约定“见天不杀、见地不杀、见光不杀、见铁不杀”，力求为自己命悬一线的性命抓住最后一棵稻草。岂料，吕后与萧何早已精心策划了后续手段，他们用一个大布袋将韩信包好吊起，不见天，不触地，不见光，用竹签将韩信活活扎死。

刘邦将韩信残忍杀戮，维持了刘氏江山的稳固。

刘邦不方便出面之时，是萧何成全了刘邦的心愿。萧何在此事上奉行的最高标准不是人际关系，不是患得患失的名声评价，而是坚决奉行了职位要求与职业标准。

虽然有些残酷，但在中国历史上，这种事情还少吗？你萧何不做又能怎么样呢？

由此可见，拓宽上级视野，替上级出面做事，有些事情必须要做，但如若做不好，还有可能事与愿违，断了自身前程。

可怜的 MBA

访谈人：向阳

背景：向阳的一位好友荣任某“中”字头国企总经理。向阳在其身边充当“外脑”，为其出谋划策。在这家企业当中，一位名校 MBA（工商管理硕士）的经历让向阳思考颇多。

由于我的好友任“中”字头国企总经理、法人代表，所以我们一干朋友纷纷帮他出谋划策，希望为他分忧解难。

我的朋友初任总经理之时，他发现国企并不是一个好玩的地方。公司内部虽有一些业务，但这些业务都分兵把守于几位副总经理手中，整个国企就像一个巨大的“个体户大集合体”。他想从某些副总经理手中抢下某些业务，势比登天。几个照面之后，上级集团某些领导就知会他，不要刚一开始就搞不好团结。

他知道原有的业务难以染指，只有开发新的业务。于是他以三寸不烂之舌从上级集团领导那里“忽悠”下来不菲的大量资金，准备开拓新的业务。

新业务、新气象，自然需要新人入围帮忙。

于是这家国企开始大规模地进行校园招聘活动，D 君就在此时出现了。

D 君是一所名校的 MBA 应届毕业生，恰好与总经理是校友。D 君就读 MBA 之前的从业经历又与总经理新近开发的业务高度吻合，再加上 D 君曾经参加过一次电视招聘节目并获胜，所以理所当然地在求职之时成为炙手可热的“香饽饽儿”。

为能成功招募 D 君加盟，总经理一出手即许以公司内某事业部副总经理的头衔，并不断地向他人介绍，D君与他年轻时极其相像。

公司内部精明之人已经开始不断地阿谀奉承D君，以求日后在D君飞黄腾达之时获取回报。

但是D君在国企的经历却是呈现明显地“高开低走”，众人对其期望越高，或许失望越大。总经理曾经希望我能够与D君多交流，给他更多的点拨与影响，但我发现我并不胜任，因为D君不仅“头脑不灵光”，而且过分自信、过于固执。时间一长，D君应承的工作倒是很多，但是无一成功。周围人对其议论纷纷，总经理只好将其从前线业务部门调整到后方的一个职能部门，力求其尽快调整，找回期望当中的良好状态。

此时，一件事情的发生彻底毁掉了总经理对D君的最后一丝希望。

公司大笔资金在手，自然要有业务将其花掉。

为拓展新业务，总经理启动各种关系与其他企业尝试合作。但是一般的情形是，国有企业在整个社会业务链条上面的情况，占到别人便宜的机会可以忽略不计。

总经理结交了一位朋友，在某大型垄断企业集团中任职下属公司总经理，据说手中有一批紧俏的产品可以由这家公司出面销售，所以大家都希望这家公司可以将产品委托自己充当渠道转手卖出。总经理当然也不例外。

但是对方公司提出条件，由于该公司上半年业绩不好，集团领导对他们非常不满意，必须将业绩弄好，那批紧俏的、不愁卖的产品才可以交由他们销售。所以那家公司提出能不能两家公司事先签署一个假合同，以市场活动为名先承认总经理这边需要先支付那家分公司300万元市场费用。当然彼此口头默契是不必真支付，以求下属公司领导在考核中蒙混过关，待产品销售时一次性以6300元一部的价格卖给总经理所在国企10万部产品。

总经理答应了，合同签字了。

产品还没来呢，对方公司的律师函来了。内容很简单，根据合同规定，请尽快支付300万元市场费用。

假戏真做了。

总经理赶忙去找对方，对方也表示无奈：谁会想到集团对今年的考核会这么严呢？

总经理哑巴吃黄连呀。

这钱不可能不付了，但又绝对不能付。

不付有法律风险，付了有政治风险。

总经理骑虎难下，于是悄悄将此事交给了D君，希望D君与对方接洽，想出两全其美的办法。

D君也蒙了，不知如何是好。他便在公司内部逐个部门地去打听，看看公司内部是否有先例可循。

于是这件事情不出几日便闹得满城风雨了。

许多人都在围观，都在看热闹，都在看这件事如何收场。结果是没有人给D君出主意，就这样，三个星期过去了，此事仍未解决。

三个星期里，总经理如坐针毡。每每问及D君，事情总在延宕、毫无进展。总经理为此向D君发发脾气当然属于正常不过的事情。而D君则每次在承受责备之后一定向其他人抒发怨气，最惯常的表白就是：这件事怪我吗？

总经理万般无奈，向我言及此事，希望我能够给D君说明白，指出一条路。

受人之托，忠人之事。

我找到D君，告诉他解决这个问题的思路就是与对方协商，取消那份虚假的市场活动合同，以确保斩断这件事情可能引发的不良后果。然后再与对方商议签订产品采购合同，确保双方都有利益。

最后的结果是那个市场活动的合同解除了，拆除了一个可能带来不良反应的“定时炸弹”。

当然拆除炸弹是有成本的，该公司需要向对方订购2000部产品，单价则由当初商议的6300元上升为7800元每部。

这样，双方都可以交差了。

一个月后，当我再次去那家公司，见到总经理时，问到D君近况，总经理轻描淡写地一句话：D君调到下面分公司了。

我默然，因为这有着多么明显的惩戒和发配的意味呀。

第六式

弯下腰：解决上级问题

（修炼要领：职责）

作为职场中人，解决问题是我们的天职，只有一位能够帮助上级解决问题的下级，才会让上级觉得使用起来有价值感。如果一位下级无法给予上级足够的帮助，那么这位下属还有什么价值呢？那些遇到问题比领导站得还高，只愿意动嘴，不愿意弯下腰处理具体问题的人，一定是摆错了自己位置的人。

当然了，谈到解决问题，在这里还是要给你一些忠告：一定要学会判断问题；解决问题是职场中人的天职；职场中人因为解决问题从而实现成熟与进步。

一定要学会判断问题

什么是问题？所谓问题，一是事情没有按照预期发展，二是阻碍事情达到预期成果的障碍。由这个概念我们不难得出这样的结论：问题既是一种不良的状态，同时也是指造成这种不良状态的症结。

这里给你一个公式，看看问题是如何产生的：

问题＝标准－现状。

这个公式的含义是：标准高于现状，存在问题；标准等于现状，没有问题；标准低于现状，产生自满与狂妄。产生问题未必是对现状的否定，有时说明有提高标准的需要。

作为下级，如何发现上级遇到了问题？

事实上，不是每一个下级都有着足够的能力与意愿去判断上级是否已经被问题缠身。能够成功判断问题，首先对于下级要有一个比较高的要求，要敏感、要成熟，当然还要有一定的经验。

下面给你列举一些判断上级是否已经被问题缠身的经验：

（1）最近上级在讨论什么事情上花费的时间最多？

最近上级总是带领大家没完没了地讨论这件事情，记住，问题来了。

（2）最近上级经常抱怨什么事情？

不良状态出现了，上级已经明显感觉到不舒服了。

（3）是否感觉上级似乎希望解脱什么？

觉察到了造成不良状态的症结。

（4）是否感到上级对某些事情总是有不安和担心？

不良症结发挥作用了，上级已经预感或者已经感到什么地方不对劲了。

（5）上级是否最近总是希望解释什么？

不良状态使得上级不舒服，希望获得一些解脱。

（6）周围同事是否最近对上级的权威不太在意？

不良状态使得上级的精力与权威感受到影响。

（7）上级最近工作状态是否感觉不如以前？

问题缠身，行为受到局限。

当上级遇到问题时，就像一位得病之人，纵然平素再强大、再伟岸、再趾高气扬，这个时候上级都希望获得别人的关心与帮助，都希望有人为他挺身而出，代替他处理危局，解决问题。

这个时候，职场中人只有责无旁贷了。

这样，就引出了第二句忠告——解决问题是职场中人的天职。

解决问题是职场中人的天职

让我们从不同的角度看待“解决问题”。

首先，解决上级面临的问题其实就是帮助组织改善影响组织发展的不良状态。

只要事物是发展的，便会不断产生新问题，组织发展的方式就是在不断地面临问题、解决问题的过程当中一路走来。改善状态就是剔除不良症结的过程，本质上这就是一种创新与提高。

其次，不去主动干预，形成问题的症结就不会自动消除。

对于组织而言，及时解决的结果是高回报，因为解决问题的过程是创造的过程，解决问题的结果是效率的提高；而拖延问题的结果是高代价，因为如果不及时解决问题，会需要更多的资源来应付问题，包括人力、时间、金钱。

所以解决问题是职场中人的天职，从某种角度而言，解决问题是促进个人与组织双赢的结果。

组织因为解决问题而脱颖而出，职场中人因为解决问题而出人头地。

我们来看看“商鞅变法”的故事。

商鞅变法

在我国两千多年前的战国时期，秦国的都城咸阳来了一位谋士，此人名为商鞅。商鞅通过各种关系见到了当时的秦孝公。

那个时候，秦国是许多有识之士都心向往之的地方。秦王一年到头见过的所谓谋士也实在太多了，而真正能够给秦王留下深刻印象的谋士的确不多，所以最初秦王对商鞅也未有什么过于感兴趣的地方。

商鞅观察出了秦王的心态之后，心中暗想，如果三言两语不能让秦王信服，自己在秦国或许就不会拥有什么机会。于是当秦王问商鞅有何事前来秦国找他时，商鞅迅捷地回应了一句大话：“秦王，我来秦国是为了送给您两个字，有了这两个字，包您统一天下。”

秦王一听感觉很有意思，顿时注意力被商鞅吸引，连忙问道：“哪两个字？”

商鞅写下的两个字改变了中国历史的进程。

这两个字就是：不是变法，而是——“耕战”。

秦王感觉非常奇怪，问道：“什么意思？”

商鞅解释道：“秦王啊，统一天下靠什么？”

“打仗。”

“对，打仗。但是你是打一场战斗，还是要打一场战役，抑或要打一场旷日持久的战争呢？这中间的差距可就太大了。如果是需要打一场战斗，您应该找类似孙子那样的能征善战之人，因为他们可以通过非常高超的方法训练军队，打赢胜仗。如果您想打一场战役，则要找类似管仲那样的具备全面统筹能力的人。因为战役除了要让军队勇敢善战之外，军队的后勤保障还要及时得力。打起战役来这两个部分必须彼此兼顾，不可偏废任何一方面。但是，如果您是希望打一场旷日持久的战争，则应该找我。因为我清楚打赢战争靠什么。打赢战争靠什么呢？当然是两个部分，就是耕战两个部分。一部分是战，军队要能征善战，但是战争打来打去最终比拼的是什么？是一个国家的综合国力，而提高综合国力靠什么？那就要靠另外一个部分'耕'，必须通过加强农业生产提升国家实力与水平。只有两个部分齐头并进，才有可能使秦国在未来旷日持久的漫长战争过程中脱颖而出，最终面对其他诸国战而胜之。"

秦王一听，茅塞顿开。他认定商鞅是一个奇才。因为商鞅没有像其他谋士一样固执地认为仅仅凭借"一招鲜"的优势就可以实现目标，天真地认为把某一单项工作做好就可以把所有问题解决。

商鞅提供给秦王的是一个基于完整系统的全面的解决方案。说得再明确一点，是相互制约的限制性的意见。

秦国在这方面其实很有心得。秦国与赵国曾经打过一场耗时达一年半之久的"长平之战"。当年秦军出兵 60 万人，别的暂且不论，单单这 60 万人在长达一年半的时间内消耗的粮食、衣物就要耗费多少资源呢？

在人类历史上有一场号称最大规格的战役——"淮海战役"。据公开的资料介绍，当年"淮海战役"中国人民解放军出动人马约 55 万人。但在这 55 万人背后的是一支由平民百姓组成的庞大的"支前队伍"，这支队伍负责运送给养，运送伤员，补充武器弹药。陈毅元帅曾赞叹："淮海战役的胜利，是人民群众用小车推出来的。"为了保证几十万大军粮食和军用物资的供应，需要有交通运输、伤员治疗以及后方安全等保障。为了支援“淮海战役”，豫鲁苏地区共543万民工组成的支前大军共出动88万辆小推车、30.5万副担架，运送炮火物资，抢救伤员。所以说，战争是一场浩大的资源消耗过程，没有夯实的国力做基础，在长时间的对抗消耗之后，强弩之末恐难获取最终的胜利。

秦王听到商鞅的见解，当即决定邀请商鞅留在秦国，为秦国所用。

在接下来的交流过程中，秦王开始对商鞅是否拥有真才实学又进行了一系列的考验。因为“耕战”仅仅属于理念，单有理念还仅仅停留在“脑筋急转弯”的阶段，是否拥有真才实学的关键是看怎样将理念转化为行为。单单想到还不够，还要看看如何做到。

为了把理念融入到制度当中，通过制度体现理念诉求，商鞅指挥一干人马开始了艰苦的编撰制度的工作。今天，我们其实已经很难全面洞悉当年商鞅变法的制度全貌，但却不难从一些细节窥见一斑。

从“耕”的方面来说，当时的农业生产力水平往往依赖于大型牲畜。如何让农民很好地善待大型牲畜以保障农业生产呢？当时秦国法律规定，如有一户人家拥有大型牲畜，那么在春天时需要将牲畜牵至官府过秤称重并且记录在案，至秋收，一年劳作结束后再将大型牲畜牵至官府称重。如果一年当中牲畜体重减轻，则根据体重轻的斤数折算一下数目去鞭打主人。如果经过一年劳作，牲畜体重有所增加，则说明此户人家对牲畜照顾较好，官府会相应地对主人有所表扬。如果大型牲畜生育小牲畜了，政府部门会相应地给出奖励。

再从“战”的方面来说，打仗很重要的一方面是要提升作战将士们勇敢善战的勇气，如何做到呢？

如果你去参观秦始皇兵马俑，你会发现秦始皇兵马俑除了弓弩手外几乎无人戴头盔，无人身穿重型甲胄。

据历史学家考证，秦始皇兵马俑实际上是根据秦国真实的军队建制烧造而成，其体现的就是秦国时期军队的本来面貌。秦始皇兵马俑没有配头盔、着重甲胄就代表着当时的秦国军队不配头盔，不着重甲胄。为什么是这样呢？

因为在秦国当年统一征战之时，两国对抗的情形几乎毫无例外，双方一交锋，几个回合之后必然是敌兵溃退，秦兵勇猛冲杀。由于头盔、重甲胄会影响自己追击敌人的速度，秦兵纷纷丢弃头盔，甩掉重甲胄。所以后来秦军再也不配发头盔与重甲胄了。

为什么相对于其他国家的士兵，秦兵会如此骁勇好战？原因还在于秦国法律——制度是促成行为的基本动力。

秦国法律规定，秦人可以通过军功实现社会身份的晋阶。而对于军功的考核指标，就是士兵杀敌上缴的人头数目。试想，再上缴一两个敌人的人头此家此户就可免除赋税和徭役，再上缴多少颗敌人的人头就可以将自己由奴隶转为平民，由平民转为贵族，未来掌握在自己手中，打仗是他们改变命运的最好甚至是唯一的机会，秦兵岂能厌战逃避？

有史书记载，秦国军队在当时纵横捭阖、无敌天下。两军甫一开战，他们呼啸向前，手中提着敌人的人头，腰中挂着敌人的人头，疯狂地去砍杀、抢掠敌人的人头。在此种彪悍的军旅面前，谁人敢言不败？

商鞅用他的聪明才智，将看似空洞的“耕战”理念转为实际管理当中可以具体操作的手段，以及手段操作之后可以预知的结果。

制度编撰成功，但商鞅并未建议迅速发布，因为他需要等待一个合适的时机。

为了预热，为了事先造成万众期待的局面，为了克服秦国各级政府部门多年以来留下的“说了不算”的积习，商鞅精心策划了如下的历史事件。

某日，秦国的都城咸阳城中心竖起一根大木杆，木杆下悬挂一告示，凡能将此木杆搬到城门者，赏十两银子。在当时，十两银子属于巨额财富，此等奖赏力度自然吸引得周边行人纷纷驻足围观。不过虽然围观人数众多，但始终无人参与。毕竟众目睽睽之下，搬完木杆如果没有兑现奖赏，岂不让人贻笑大方。不过，好奇心又让人们不舍得离开。

后来始终无人搬木杆，赏金加到五十两银子。

当然，如果此事从始至终无人参与，预期的轰动效果就绝难达成。

史书记载，后来现场出现了一位操外地口音的壮汉，上前来说道："让我试试看吧。"（后世众多史学家推测，此人应该是商鞅安排的"托儿"。）

壮汉扛起木杆向城门走去，看守的士兵马上跟上，围观人群也随之涌向城门。到城门后，壮汉把木杆一放，看守的士兵马上拿出五十两银子如数递给壮汉。壮汉千恩万谢拿着银子走掉了。周围的人们看到这一幕均一片叹息、后悔不迭：早知道……我就应该……

看守的士兵此时不失时机地宣告："今后官家说话可是算话的，诸位可一定要当真呀。"

当时秦国的疆域并不大，此消息迅速传遍整个秦国。闻听此消息秦国老百姓个个兴奋异常，从此人们每日早晨起来，必定要赶赴当地政府的公告栏处看一看。看什么呢？看什么时候我们这里也立木杆呀。

思来盼去，没有把第二根木杆盼来，倒把商鞅变法的法令盼来了。

由于大家都开始相信政府说话算话，于是大家都非常认真地遵守着商鞅变法的法令，这就使得秦国在商鞅变法的法令公布之后发生了实实在在的变化，最终促成秦国成为诸侯各国当中的最强者，以致成功统一中国。

“商鞅变法”是战国时期一次较为彻底的改革运动，大大推动了社会进步和历史的发展。通过改革，秦国废除了旧的制度，创立了适应社会经济发展的新制度。改革推动了秦国社会的进步，促进了经济的发展。同时，壮大了国力，实现了富国强兵。为以后秦统一全国奠定了基础，对中国历史的发展起到了重要的推动作用。商鞅在秦国实行变法，使得秦国经济发达，军事强大，奠定了秦始皇统一全中国的基础，也成功地把法家思想带进上层建筑，影响了中国人两千多年。

中国五千多年的历史，王侯将相浩若繁星，但在其上却一定要为商鞅留下一席之地。商鞅本就是一凡夫俗子、穷酸书生，当然最后也无善终（车裂分尸）。但他却通过自己的努力与才干推动了秦国的强盛，更从此改写了中国的历史进程，让后世之人每每想起均感叹不已。

商鞅凭借超群的自我能力成功解决了问题，依据高超的智慧将问题解决得如此干净利落，真的堪称后代职场中人的楷模。

职场中人因为解决问题从而实现成熟与进步

我们在前文提到：问题就是事情没有按照预期发展。由此可知，出现问题的原因在于事物并未按照我们事前的设想发展，事物运作的规律与我们的设想出现了偏差。此时，需要哪一位人员前去处理这个问题，就相当于给了这个人一次深入了解事物运作规律，重新尝试的机会。

我们之所以不断强调解决问题就是创新，就是为实现个人与组织的双赢，原因就在于，在面对问题之时，谁的机会更多，谁就相对于其他人拥有更多的学习进步的可能与演练和尝试的权利。所以，问题越多，解决之人越发熟练；问题越难，解决之人进步幅度越大。天长日久，成熟与进步肯定是自然而然的了。

从某种角度而言，职场中人是在解决问题的过程中发展进步的。在这里给你讲一个年轻人经历的一个真实的故事，真的绝对励志。

“将5%的希望变成100%的现实”

1988年，有一位年轻人从中国科技大学经济管理专业硕士毕业后，本可以出国，也可以就职政府机关，但他却匪夷所思地进入了一家在当时并未具备什么明显影响力的，隶属于中国科学院计算技术研究所的小公司。

这家企业多年之后名扬中国，它的名字叫——联想。

这位年轻人进入联想后，才发现他是联想公司通过中科院人事系统录用的第一批高校毕业生。

由于人才稀缺，公司各部门又都需要有人担纲主要领导，所以那位年轻人幸运地在短期内被任命为公司第一任公关部经理。任职的喜悦刚刚到来，麻烦接踵而至。

当年的联想正处于“柳传志与倪光南组合”的黄金时代，一切都欣欣向荣。

那时，虽然同样在做电脑销售，但是柳传志认为自己公司的员工在与社会上其他公司员工的竞争当中明显存在着反应慢、态度差的劣势。在公司存在先天劣势的情况下，如果公司自身经营的电脑产品与其他公司相比，再没有明显的优势与卖点，那么自己的公司在战略层面恐怕难以在竞争当中立于不败之地。

重担落在了时任联想总工程师的倪光南肩上。如何让联想销售的电脑有卖点，有与众不同的地方，需要倪光南为联想销售的电脑附加崭新的功能。

倪光南没有辜负大家的期待。他发现，那时的电脑普遍使用的都是英文的操作系统，所以应用范围非常狭窄，仅仅局限在高校、部分科研研究所当中。如果能够让电脑拥有汉字环境，岂不扩大了联想电脑的受众群体，扩大了市场就相当于拓展了联想的生存之路。

倪光南劳神费力，研发出能将电脑打出中文的“联想式汉卡”(据称联想日后命名即出自此技术成果中的头两个字)。后来，在中国国家科技部公布的国家科技进步奖初评中暂定“国家科技进步二等奖”。

对于众多公司而言，这无疑是一个天大的好消息。但对于更擅长从全局思考的柳传志而言，二等奖绝对算不上一个好消息。

柳传志的想法在今天很容易被大家理解。试想，此技术评奖后，如果再有此类技术获评国家科技进步一等奖，那么内部装配的是“二等奖”的联想电脑如何能够在市场运作当中打败装配了“一等奖”的其他品牌电脑呢?

柳传志想的是，要评一定要一等奖，否则什么奖都不要。

无疑，柳传志具备高瞻远瞩的战略思维，此举恰好认证了《孙子兵法》当中的名言：“先为不可胜，以待敌之可胜。”即事先绝不被动，先将自己立于不败之地，然后再寻找机会战而胜之。

柳传志把这个问题抛给了那个年轻人，那个在1988年进入公司并担任公关部经理的年轻人，让他去科技部试探一下是否有可能将初评时的二等奖在届满一年公示期后转为最终的一等奖。

柳传志把问题交给这个年轻人是基于以下两点原因：其一，此事本身就属于公关部门的职责。其二，那位年轻人硕士实习即在国家科技部，在科技部机关当中并非“两眼一抹黑”，至少还有几个熟人可以打听一下情况。

年轻人接受任务后直接去了科技部，找到相关人员一了解，年轻人心寒了。

科技部相关人员的回答是，自新中国成立以来，从来没有发生过一次在初评时是低级别的奖项最终变成高级别的奖项。说白了，由上往下拿比比皆是，但想由下往上拿，新中国成立以来无先例。虽然在制度规定中有这样的程序，但无人通过。

年轻人转回公司向柳传志汇报结果。“柳总，奖项由二等奖变成一等奖，新中国成立以来无先例，人家承认帮不上忙。但是人家表态了，如果想将奖项由二等奖变成三等奖，人家一定帮忙。”

年轻人没忘了送给柳传志一个小幽默。

柳传志作为男人的勇气与作为企业家的气魄在此事上一展无遗。他就像一只在丛林中游荡的猛兽，此时听到“新中国成立以来无先例”的话，则似乎让这只猛兽突然间嗅到了血腥的气息。他准备放手一搏，而面前的这个年轻人，就是他在豪赌此事上最可依障的利爪。

接下来，柳传志说了一段每每事后想起来都会让那位年轻人大呼上当但又激情澎湃的话：“这件事的可能性有多少？”

年轻人说：“乐观估计，5%吧。”

“好，如果你能将5%的希望变成100%的现实，这家公司将永远有你的位置，你信吗？”

还用说什么吗？响鼓不用重锤的。年轻人激情燃烧，回部门即制订了一个完整周密的计划，审视了公司所能够调动的所有社会资源，然后为了实现这个新中国成立以来无先例的5%的希望，上路了。

这是一段艰难的历程，耗时逾一年。年轻人也由25岁变成了26岁。

最后的结果揭晓是在一年后北京的京西宾馆。国家科技部将在这里对评奖的事情做最后的终审。早早得到消息，年轻人带着他的团队守候在京西宾馆大堂的沙发上迎接最后的结局。

早上8：00，会议开始。

预定12：00结束，但会议延期，一直延宕到18：00，可见会场交锋之激烈。

等待被别人判定命运的时间是无聊、无奈而又惶恐不安的。年轻人与他的团队成员相互之间开始用唱歌打发时间，也为壮胆。一首又一首，连儿歌都唱了，并且许多歌曲被唱了很多遍。

18：00之后，会议结束了，一位时任科技部副部长的领导走了出来。年轻人迎上去了。

看到这个小伙子领导热情地拍了一下他的肩膀，口中说道："祝贺你呀。"

小伙子一时没有反应过来。

副部长笑了，对小伙子说："你做成了一件新中国成立以来没人做成的事情，你们公司的联想式汉卡变成国家科技进步一等奖了。"

一位年仅26岁的年轻人，刚刚投身社会便遭遇要完成一件新中国成立以来无人完成的、乐观估计仅有5%可能性的艰巨工作。当他全身心都投入到这个看似无法完成、近乎悲壮的任务的时候，我们可想而知他所需要承担的压力究竟有多大。现在，一切尘埃落定，终于可以获得解脱之时，我们不难理解上述情况出现的合理性。

这个年轻人的名字叫郭为。对，就是那位36岁接掌神州数码总裁、驾驭年营业额数百亿元的郭为，就是2011年至今任神州数码控股有限公司董事局主席的郭为。

让我们思考一个问题吧：替上级解决问题，是为人做嫁衣，还是为自己铺平进取之路，抑或两者兼而有之，齐头并进？

在职场这个大舞台中，每个身处其中的人都扮演着一种角色，这个角色规定了你的职责范围和权限，限定了你的定位。因此，要想扮演好这个角色，要想让自己扮演的角色出彩儿，就必须认清自己的角色，将自己的心理定位在和自己的角色相符的尺度上。这样，才能真正融入自己角色的心里，才能真正用心演好这个角色。否则，一旦有了超越角色的心理作祟，你必将受到规则的惩罚。

在职场中，作为下级，就要有下级的心理定位，不能因为一时的得意而超越这种心理定位。在与上级的相处中，更要严格掌握这种心理定位，把握住自己不越位。要正确认识自己的角色地位，把我自己的角色心理，做到出力而不越位。要在心里明白，哪些工作应该由谁干，这里面有时也有几分奥妙。抢先去做本来由上级出面做更合适的工作，就会造成干工作越位；表明对某件事的基本态度，一般与一定的身份相联系，如果超越身份，胡乱表态，是不负责任的表现，是无效的；处于不同层次的领导，其决策权限是不一样的，不能有超越权限的心理，擅自做主；有些场合，如应酬客人、参加宴会，应适当突出上级领导（走在前面、位置居中），不能有过多显示自己的心理；有些问题的答复，需要相应的权威，擅自答复由上级答复更合适的问题，也是越位。

因为，从某种角度看，你是在给上级领导工作，为上级负责，所做的一切都是上级交给的任务。所以应时刻有想着上级、尊重上级、甘心为上级效力的心理。越是长得高大的树木，越要埋下头来，而不至于被风吹折。越是才华出众，越是要谨慎地处理同上级领导的关系。目中无人、骄傲自大的心理，往往会给自己带来诸多不利。恃才傲物，就是不会善待自己的职位，不会善待自己的才能，超越了自己的角色心理。一个有着目无上级心理的下级，最终吃亏的只能是自己。

另外，还要有注意维护上级的心理感受。上级的尊严不容侵犯、面子不容亵渎。上级领导理亏时要给他台阶下；当众纠正上级领导的错误是非礼表现；上级的忌讳不可冲撞；消极地给上级保面子不如积极地给上级争面子。

当然，上级并不总是正确的，但上级都有希望自己正确的心理需求。因此，作为下级没有必要凡事都与上级争个孰是孰非，给上级台阶下，维护上级的面子，其实也就是给自己多留下一条路子。大多数上级领导喜欢唯命是从的下级。许多上级领导认为自己比下级要优秀，有很强的优越感和尊严感，认为有权要求下级去做某些事情。

冲撞上级领导是不能容忍和谅解的“犯上”行为。与上级领导说话时，切勿激动，要时刻提醒自己保持平和友善的心态，注意态度、方式方法和时机。与领导相处，一定要把谈论工作同个人尊严区分开来。出现分歧时，要让上级领导感到仍然是承认他的权威的。处处替领导着想，领导不可能没有体会。与上级说话语气要温和，言辞避免极端，有分析、有根据，条理清晰。记住，上级领导是权威、决策者。对上级领导说明看法，不要选用过于肯定的方式，而要用商讨的语气委婉地加以表达。选择公开场合不如选择私下里说好；事已确定不如尚处酝酿中说好；正发脾气时不如心平气和时说好；心绪低落时不如比较得意时说好。

在公开或正式场合，一般的上级都有喜欢下级恭维自己，讨厌下级抢镜头、抢次序的心理。尤其是一些上级平时与下级距离过近，界限不分明，随随便便，甚至称兄道弟，把下级惯坏了，下级心目中的“上级意识”淡薄了，遇到正规场合，就可能伤害上级的尊严。

凡此种种，作为下级，都要时刻注意上级的心理活动，切不可认不清角色，导致超越自己的角色心理定位，而导致“功高盖主”的现象发生。

很多时候，下级要和上级领导交换对于工作的看法，甚至向他们提出自己的意见。但是，这个意见怎么提出来上级领导更容易接受，是很有讲究的。

作为上级，自然有希望下级尊重自己，乃至体谅自己的心理需求。因此，如果你有意见需要向上级提出来，你应该先考虑到上级的心理需求，那就是以请教的方式向上级提出来。这样会让上级感到受人尊重，也会增加上下级之间的信任，从而有利于减少摩擦和敌意，建立彼此相容的心理基础。

首先，以请教的方式提出你的意见，这说明你在提出意见之前，已经仔细用心地研究和推敲了上级的方案和计划，你是以认真、科学的态度来对待上级的意见的。经过向上级的请教，能够实现和上级的求同，随着你们之间共同的东西的增多，你们双方也就会变得更加熟悉，也就越能感受到彼此心理上的亲近，从而消除彼此之间的疑虑和戒心，使你的上级更容易相信和接受你的观点和意见。

其次，你以请教的方式提出意见，能够增强上级对你的信任感。当你用诚恳的态度来进行彼此的交流和沟通时，上级就会逐渐了解你的真实意图和动机，而且也愿意倾听你对问题的分析和意见。上级能够静心地倾听下级提出意见的过程，这本身就是一种信任。社会心理学家认为，信任是人际沟通的“过滤器”。只有对方信任你，才会理解你良好的心理动机；否则，即使你提出的意见心理动机再好，也会经过“不信任”的“过滤”作用而变成其他的东西。

最后，你以请教的方式提出意见，还要注意说话的语调，做到“忠言”不必“逆耳”，千万不可采用那种激烈的、容易产生对立情绪的进谏语调。这一点尤其要引起注意。许多人总会想，我向上级提出我的意见，证明我是为了企业着想，自己并没有藏着私心。因此，就会容易显得理直气壮，说话的语调和态度也就不会注意了。诚然，你的出发点和心理动机是为了企业，不是为了自己，但要知道，没有哪个上级愿意看到自己的下级来责难自己的。即使你的理由再充分，他们都会因为感觉受到了责难而面子上难看，以致根本就不会听你的意见，更不会去深入研究你的意见的可行性，甚至可能因此而对你产生看法。一旦这种对立情绪或者敌意产生，那是很难在短时间里消除的。如果再碰上气度小的上级，还可能在以后的工作中故意刁难你，那就太得不偿失了。

第七式

咬紧牙：忍受上级磨难

（修炼要领：坚持）

俄国著名作家阿·托尔斯泰在《苦难的历程》第二部《一九一八年》的题记中有句名言：“在清水里泡三次，在血水里浴三次，在碱水里煮三次。”作者借如此沉重甚至夸张的说法揭示了知识者内心磨炼变化的艰难。今天，当我们拥有了一段足够用来回顾的人生体验之后，我们才有资格体味上述话语的个中滋味。

在职场中，一帆风顺者有之，但需认清，但凡一帆风顺，要么属于阶段性，要么无前景。即便你的老爸是天皇老子，接权承位之后，也会知晓甘苦自知的感受。所以，在职场中如有面对上级磨炼（甚而磨难），既正常，又欣然。

磨炼是什么？磨炼是上级有意识地给你的挑战的机会。

第一，“有意识”有“刻意”“故意”的成分存在。如果没有上级主观的意思在里面，那么就不该把后果称为“磨”难了吧。

第二，“有意识”当然可能是善意的“锻炼”，也可能是恶意的“穿小鞋”，还可能是非善非恶的中性的“观察评价”。

无论怎样，磨难都是领导专门给你出的一道题目。

如果你认为挑战应该针对你的实际情况而定，不能盲目加大难度，领导“出手太重”，那就应该叫“摧残”。

一个问题，自身承受力不足，被“摧残”了是你的问题还是领导的问题？职场好比运动会，先有达标赛，后有排名赛。不达标，受不了那就先淘汰嘛，只有熬过诸多难关，才有机会进入排名赛。你如果不行，上级自然会选择别人。

好了，到了该给你建议的时候了，三句话：磨炼是机会，磨炼是挑战，磨炼是阶梯。

磨炼是机会

上级从来不给他认为不值得的人磨炼的机会。即便他想为难你，那也是认为你需要他额外加点工夫才能达到目的。

一位职场中的下级，在芸芸众生当中，上级凭什么关注你，一定需要你有异于常人之处。上级凭什么要额外对你下点工夫，一定是你有值得之处。就像机遇从来不给无准备之人，磨炼也从来不给不值得的人。

有一本备受当代中国顶级企业家群体关注、追捧的小说《雍正王朝》，书中介绍了很多磨炼下级的故事。

康熙选接班人

康熙当年撤掉了太子的名分之后，他的其他孩子都兴奋起来，各个皇子似乎都感受到了可能被册封为太子的那份来自皇阿玛的眷顾，但是康熙大帝直到生命最后一刻才将选拔继承之人的谜底揭开。

在康熙的内心，四皇子胤禛、八皇子胤禩（雍正继位后更名为允禩）、十三皇子胤祥（雍正继位后更名为允祥）与十四皇子胤祯（雍正继位后更名为允禵）是进入他内心筛选程序的备选之人。他当然曾经以不同的方式对几位候选人做过测试与磨炼，但他发现老四在磨难后有感悟有改变；老八在接受磨炼时不专心，表面没有什么，内心也无改变；老十三一如故我；老十四则抗拒磨炼。

其实在康熙大帝心中，最为遗憾的是十三皇子的态度。康熙曾经非常喜爱老十三，也曾经非常倾心将皇位传于老十三。但康熙大帝发现老十三身上有一个脾性将阻碍他的再一步提升。这个脾性在常人而言绝对属于优点，但对于掌管天下的帝王而言，则绝对属于缺点。那就是老十三心中有着非常明显且明确的“爱憎分明”。

是非感强属于执行层，互动感强属于管理层，因果意识强才能上升为决策层。如果一位权倾天下的帝王仍局限于是非判断，势必包容心较差，很难君临天下。

康熙开始对十三皇子进行了在外人看来既无法理解又近乎残酷的磨炼。他甚至将十三皇子判罚在宗人府中关押，满心期望能够通过常人难以体验的挫败感使老十三有所感悟，思考更为深刻的道理。怎奈，老十三难以理解一位慈父的良苦用心，最终康熙大帝只能作罢。

还有一本书，同样来自《雍正王朝》的作者二月河先生，即《康熙大帝》，其中亦不乏对于下级的磨炼情节。但是，如果在《雍正王朝》当中康熙对皇子的磨炼尚有一丝温情可感，那么《康熙大帝》当中康熙对于臣子们的磨炼则显得冷酷无情。

在《康熙大帝》一书中，我们发现康熙是一位足智多谋，善于栽培下级、善于用人的上级领导。如果有人把康熙列为中国几千年历史上的“千古一帝”，那么此“一帝”的帝业则是在不同优秀的贤臣帮助下缔造而成：起用魏东亭诛杀了朝中第一重臣鳌拜，确立了自己作为皇帝的权威；用周培公剿灭了察哈尔，招抚了王辅臣，确立了灭“三藩”的良好基础，摘除了妨害大清国家安全的毒瘤；用姚启圣平定海患，收施琅，最终成功收回台湾，奠定国家统一版图；用李光地平衡索额图、明珠之间的频繁“党争”，去除政权内患。由此可见，做大事者，必有能做大事的拥戴者所辅佐。

能做大事的拥戴者，则需百炼方成好钢。比如在《康熙大帝》一书中，康熙与周培公之间的故事令人过目难忘。因为在书中一系列的故事当中，周培公几乎是一个完人，但是康熙对周培公的使用却几乎可用残酷来形容。

在历史上，周培公确有其人，当然其真实身份是满族大将军图海手下一位谋士。在招抚王辅臣一事上立下赫赫战功，与小说中有所出入。

> 周培公，名昌，字培公。今湖北省荆门市辍刀区麻城镇宫堰村人，生于明崇祯五年（1632 年），卒于清康熙四十年（1701 年），终年 69 岁。在《康熙大帝》一书中，周培公因为文武兼备、才智过人而被康熙亦师亦友的名士伍次友推荐给康熙，随后在推进裁撤“三藩”一事上成为康熙最为倚重的人。后来随着“三藩”叛乱，在康熙要兵无兵、要将无将的时候挺身而出，代理大将军入主军队，通过施加巧妙计策使军队瞬间拥有较强战斗力，剿灭察哈尔，招抚王辅臣。在剿灭吴三桂之战即将毕其功于一役之时，为避免首功为汉人所得，故被康熙拿下，换做满人图海成就破敌大业。
>
> 之后，康熙以周培公纵容军队烧杀劫掠之罪将其打入“冷宫”，直至待收复台湾之时方才决定重新起用周培公，但怎奈周培公早已身体羸弱，无法就任了。

说到周培公的纵容军队烧杀劫掠，其实实在属于事出有因。

当年康熙准备灭“三藩”之时，无兵无将，只好由孝庄皇太后出面找一些清朝贵族借了一些家兵充数，无将只好由周培公出面抵挡。但周培公发现，那些从各清朝贵族家中借来的家兵常年养尊处优，早已丧失了军人所必备的身体素质与战斗精神，再加上自己刚刚“空降”至军队，无党羽，无队伍，如何能够迅速凝聚人心，提振军威呢？

中国古代仕途强调新官上任需要“三步曲”：第一步，立威；第二步，施恩；第三步，立德。所以在众兵士不服从指令，蓄意违抗命令之时，周培公当机立断斩杀了几名兵士。文人代大将军也敢杀人，士兵难免心生恐惧，在短期内迅速恢复了军队所应有的秩序和纪律。

不过周培公清楚，杀人有效，但有限，所有军中将领一定要警惕自己成为张飞。张飞虽勇猛，虽粗中有细，但在军中对下属过于残暴，最后被部将所杀。周培公清楚地知道光靠杀人所维持住的局面一定不会长久，必须通过施恩来收心。

如何施恩，先采用物质刺激。但手中无资源，怎么办？简单呀，有钱就发奖金，没钱那就许期权嘛。周培公略施小计，告知士兵前去征讨的察哈尔国有一秘密金库，其已经奏明皇上，打下金库一半上交皇上，一半分给打仗的士兵。士兵们听说此言，自然群情激昂。

但打下察哈尔，没有金库怎么办？周培公无奈，放任手下烧杀劫掠。当时已有密报告之康熙周培公纵容部下烧杀抢掠的行径，但在此时你想想康熙会如何处理呢？他明明知道这一定是周培公军队所为，但他又能怎么办？让康熙在江山与名声之间权衡孰轻孰重，康熙此时只能将此劣迹栽赃于察哈尔叛军。待天下平定之后为平息舆论，再行处置周培公，将其打入“冷宫”，不闻不问。

这是多么残酷的磨难呀。

但是对于深谙为人君之道，为人臣之道，满腹治世之学的周培公而言，面对这一切皆安之若素。

为了达成必须完成的目标，我做了必须做的行为。

我做了必须做的行为，就应该接受必须接受的结果。

这里没有公平只有命运。

即便在被打入“冷宫”之后，周培公仍旧在为康熙布局谋取更大的格局。在临终前当他把一幅巨大的大清国家地图献于康熙之时，他的心胸真的如那幅版图一样宽阔。

一幅国家地图，就是一份心愿，一份责任。周培公把它托付给了康熙。虽然自己苦等了多年依旧没有机会，但他也推荐姚启圣去实践完成收复台湾的历史重任。

我们今天诚然可以感慨周培公的人生磨难，但我们无法忽视周培公壮丽的人生命运。从某种角度而言，周培公的命运是以忍受磨难、牺牲安逸为代价而谱写的。但是只有承受了别人无法忍受的磨难的周培公，才有机会修正了自我人生命运，锚定了人生定位，确立了超越他人的历史地位。

磨炼是挑战

磨炼是机会，当然磨炼也是挑战。说磨炼是机会是有人给了你面对磨炼的机会，没有磨炼也就没有了人生进取的机会。说磨炼是挑战，那就要看在面对机会的时候，你是否可以把握机会，实现突破。

机会有了，挑战的是你的能力了。下面来看一个弹钢琴的故事。

弹钢琴

一位音乐系的学生走进练习室。钢琴上，摆放着一份全新的乐谱。“超高难度……”他翻动着，喃喃自语，感觉自己对弹奏钢琴的信心似乎跌到了谷底，消磨殆尽。已经3个月了，自从跟了这位新的指导教授之后，他不知道为什么教授要以这种方式整人。勉强打起精神，他开始用十只手指头奋战、奋战、奋战，琴音盖住了练习室外教授走来的脚步声。

指导教授是个极有名的钢琴大师。授课第一天，他给自己的新学生一份乐谱。“试试看吧！”他说。

乐谱难度颇高，学生弹得生涩僵滞、错误百出。“还不熟，回去好好练习!”教授在下课时，如此叮嘱学生。

学生练了一个星期，第二周上课时正准备中，没想到教授又给了他一份难度更高的乐谱。“试试看吧!”对上星期的功课，教授提也没提。学生再次挣扎于更高难度的技巧战。

第三周，更难的乐谱又出现了，同样的情形持续着。学生每次在课堂上都被一份新的乐谱“克”死，然后把它带回去练习，接着再回到课堂上，重新面临难上两倍的谱，却怎么样都追不上进度，一点也没有因为上周的练习而有驾轻就熟的感觉。学生感到越来越不安、沮丧及气馁。

教授走进练习室。学生再也忍不住了，他必须向钢琴大师提出这 3 个月来何以不断折磨自己的质疑。教授没开口，他抽出了最早的第一份乐谱，交给学生。“弹奏吧!”他以坚定的眼神望着学生。

不可思议的事发生了，连学生自己都讶异万分，他居然可以将这首曲子弹奏得如此美妙、如此精湛！教授又让学生试了第二堂课的乐谱，仍然，学生有了高水平的表现。演奏结束，学生怔怔地看着老师，说不出话来。

“如果，我任由你表现最擅长的部分，可能你还在练习最早的那份乐谱，不可能有现在这样的程度。”教授——这位钢琴大师，缓缓地说着。

人，往往习惯于表现自己所熟悉、所擅长的领域。但如果我们愿意回首，细细检视，将会恍然大悟——看似紧锣密鼓的工作挑战、永无歇止难度渐升的环境压力，不也就在不知不觉间养成了今日的诸般能力吗？因为，人，确实有无限的潜力。

明白上级的良苦用心了吧，往往明白都是在成功之后，优美的风景都是在艰苦跋涉之后才会体验得到。

逾越磨难，收获成就。让我们设定如下的方式：先思考我们这么做行不行，与上级商议给自己定一个一般人难以企及的高度，通过反复努力而最终达成。这是一种情趣，这会给你带来一种一般人无法领会的幸福感。这时候工作已经不是工作了，而是一个极为有趣的游戏，由你自己去玩、去体验、去感悟。

磨难的过程当然是痛苦的，但是磨难的的确确是一剂促成心理突破、行为突破的良药。

这里讲一个“魔鬼大松”训练中国女排的故事，这个故事关于磨炼。

“魔鬼大松”训练中国女排

“魔鬼大松”叫大松博文，是一个日本人，是一位享誉世界的女排教练。

在许多人眼中，排球是一个充分依赖身高、力量因素的体育项目，而这两点对于东方人来说可谓先天不足。所以亚洲许多国家都没有把排球看成是有可能有所作为的项目。

但是大松博文却有不同于常人的看法。

首先，大松博文认为，相对于男性而言，东方女性与西方女性在身体素质方面的差距并非过分悬殊。

其次，纵然西方女性身高臂长，但起跳后滞空时间并不长，所以她们惯常的进攻方式是保持身体与排球网间约90°的角度侧向扣球。由此手臂击球线路长、力量小、速度较慢。

最后，西方女性身高虽然普遍高于东方女性，但随之而来是重心高，身体下降较慢，髋骨比较宽，横向移动比较慢。

大松博文从中似乎看到了振兴东方女排运动的曙光。那就是，充分发挥东方女性身体心理特点，扬长避短，在细腻与灵巧方面做文章，同样有可能打败敌人。

方法是：

第一，承认东方女性身高矮，但重心低，身体下降速度快。通过残酷的训练方式把防守做好，让你打不死我。

第二，利用东方女性的灵活性特点，避免单调的定点进攻。充分利用排球场九米的宽度加强跑动进攻，充分利用西方女性横向移动慢、身体重心高的弱点，提高东方女性的进攻成功率。

第三，用近乎残忍的方式，锤炼心理，以应对纷繁复杂的局面。

事实上，大松博文成功了。他带出了一支号称“东洋魔女”的队伍。1962 年大松博文率领日本女子排球队获得世界排球锦标赛冠军，在 1964 年东京举办的奥运会上夺得女排金牌，并在很长的时间范围内所向披靡，六夺世界冠军。

日本女排的成功，也同样点燃了中国体育人士的信心。既然日本女排能够成功，我们就没有理由不去尝试并获得成功，何况我们的身体条件要远远好于日本女排队员。实现中国女排崛起的第一步就是把大松博文请来，传授经验。而大松博文的到来为中国体育界留下了难以忘怀的一段经历。

那时候，中国排协从全国挑选了 4 个女排队伍的队员来跟随大松博文训练，其中就包括上海女排、山东女排、四川女排和辽宁女排共计 40 多人。大松博文的训练方法叫人叹为观止，完全出乎我们的意料，突破了我们的心理底线。

大松博文带来的训练理念叫“三从一大”（从难从严从实战出发，大运动量训练）。他有一种训练方法叫“极限防守”，由一名教练面对一名队员，教练可以通过扣球、吊球等方式把球打掷到运动员身体的各个方向。运动员要通过快速移动，甚至是牺牲平衡为代价的“鱼跃”方式将球在落地前救起。每组训练 15 球，成功 14 个算及格。依此标准每多失误一个球就加罚一组，所以在训练开始时，谁都不敢保证将要训练多少组，什么时间才能够结束。

记得当年一位上海女排的队员在回忆文章中提到，在接受大松博文训练时，她已经到了身体所能承受的底限。但是大松博文依旧不依不饶，不到全部完成限定内容绝不收手。后来那位女排队员累得几乎丧失了意识，她所有的动作几乎都是一种下意识的机械反应。她记得那时大松博文喜欢在训练时穿上一条绿色的运动裤，最后她甚至恍惚感觉眼前飘移着无数绿色的灯笼。

如果有队员不堪重负，摔倒在地板上，这时的大松博文表现得极其狰狞。他上前用球砸向躺在地上的女运动员，用脚踹女运动员，满嘴的污言秽语，喋喋不休。

这种做法理所当然地引起众人的不满。有人把情况直接反映给了上级有关领导。当上级领导向大松博文了解情况时，大松博文却做出了如下解释：

“我们应该承认，这个世界上男性和女性受到的压力实在不一样。我们相信男人在这个世界上承受了太多的压力，同时也造就了他们不服输的性格。所以我的经验是，当一名男队员摔倒在球场上，你一定要小心面对。因为男队员摔倒往往是因为体力达到极限了。这个时候你一定要精心照顾他，以免发生不好的结果。相反，如果一名女运动员摔倒了，你大可不必担心，因为很少会有女运动员因为耗尽全部体力而摔倒，反倒是她们的心理不够强大，以摔倒的方式希望逃避和解脱。所以如果教练就此停止训练，那她们的水平就还在这个层次，永远无法提高。再有，女性身体特征与男性也不尽相同，相比较而言，女性的耐久性会更强，潜力也更大。这个时候，我就是要用她们理解不了的方式刺激她们，折磨她们。只要她们被我激怒了，重新站起来了，就等于把她们自己的心理和身体能力实现了一次突破。再倒下，再刺激，再突破。天长日久，承受了太多磨难的女运动员才可能无论在赛场上发生什么事情，都会以一颗勇敢的心去面对；无论身体出现什么不良反应，她们都会想到去克服而不是去逃避。只有在训练场上承受得了磨难的人，才有资格获得更高的荣誉作为奖赏。这就是我的训练方法。”

从此，了解了大松博文训练真谛的中国排球界终于励精图治，登上了世界排坛顶峰。

磨炼是阶梯

磨炼就是你修正人生的机遇、是获取能力增长的途径，更是实现突破、实现新生的阶梯。有一句歌词说得好：“不经历风雨，怎么见彩虹。”套用一下：不经历磨难，怎会有重生。

磨难是重生的阶梯，是重生的机遇。

老鹰重生的故事

故事一：

老鹰是世界上寿命最长的鸟类。它一生的年龄可达70岁，可谓高寿。要活那么长的寿命，它在40岁时必须做出困难却又十分重要的决定。当老鹰活到40岁时，它锋利的爪子开始老化，无法有效地捕抓猎物。它的喙变得又长又弯，几乎碰到胸膛，不再像昔日那般灵活。它的翅膀开始变得十分沉重，因为它的羽毛长得又浓又厚，使得它飞翔十分吃力，昨日雄风不再。

它不得不面临两种选择：一种是等死，另一种是须经过一个十分痛苦的更新过程——150 天漫长的“修炼”。它必须费尽全力奋飞到一个绝高山顶，筑巢于悬崖之上，停留在那里，不得飞翔，从此开始过苦行僧般的生活。老鹰首先用它的喙用力击打岩石，这个过程无疑是十分痛苦的，也是个反复流血的过程，但它有着强烈的再展雄姿的意志，所以再痛再苦，它依然坚持到底，直至它的喙完全脱落。然后，老鹰静静地等候新的喙长出来。新喙长出后，代表着老鹰已经成功了一半，真可谓万事开头难。之后，老鹰就用它新长出的喙把脚指甲一根一根地拔出来，大家可以想象一下这个过程的滋味。当新的脚指甲长出后，老鹰再用它们把那些沉重的羽毛一根一根地拔掉，大家可以想象一下自己用力拔光头发的感觉。以上自我“虐待”、自我“煎熬”的过程，老鹰须持续 5 个月。5 个月后，新的羽毛长出来了，老鹰一生一次“脱胎换骨”的工程便告结束。老鹰又开始飞翔，无限广阔的大地，再次成为它的天堂。它“重生”后，寿命可再添 30 年！

上面的故事非常令人感动，但是真实性有待考证，接下来同样说鹰的故事，就让我们细细品味吧。

故事二：

一个人在高山之巅的鹰巢里，抓到了一只幼鹰，他把幼鹰带回家，养在鸡笼里。这只幼鹰和鸡一起啄食、嬉闹和休息。它以为自己是一只鸡。这只鹰渐渐长大，羽翼丰满了，主人想把它训练成猎鹰，可是由于终日和鸡混在一起，它已经变得和鸡完全一样，根本没有飞的愿望了。主人试了各种办法，都毫无效果，最后把它带到山顶上，一把将它扔了出去。这只鹰像块石头似的，直掉下去，慌乱之中它拼命地扑打翅膀，就这样，它终于飞了起来。

可以说，主人成功了，他的方法达到了想要的效果。但是，他的这种孤注一掷的方法，又有多少人敢于尝试呢？不成功，便成仁，假如这只鹰没有悟到自己的能力，没有扑打翅膀，主人失去的何止是这只鹰的生命，更是自己一直以来迫切要实现的愿望。主人的这种做法，可能在别人看来是不可思议的，也是一般人所不能接受的，但正是这种方法，使主人走向了成功。

也许主人早就领悟到了：在磨炼中召唤成功的力量。

怎么样，你是希望成为鸡窝当中的鹰仔，还是天空当中的雄鹰？

感谢那位似乎心狠的主人吧，是他用貌似无情、不同寻常的方式纠正了雄鹰真正的生命定位，成就了雄鹰的真正的有尊严的生命。

下面再来看曾国藩磨砺李鸿章的故事。

曾国藩磨砺李鸿章

曾国藩与李鸿章同为晚清时代名扬天下的重臣。当然两人辈分不同，李鸿章言必称曾国藩为其恩师。有人曾经精辟地评价：李鸿章助推了曾国藩的事业，曾国藩成就了李鸿章的人生。

渊源：

曾国藩与李鸿章的父亲李文安同年参加科举考试。在同期考取功名的人当中，大家彼此以“同年”相称。在众多“同年”当中，李鸿章的父亲敏感地发现了曾国藩的才情、人品，认定此公将来必将名扬天下，所以早早就结交下了这位比自己年轻许多的“同年”。

后来，李鸿章的父亲将自己最喜欢的孩子李鸿章交于曾国藩，拜曾国藩为师。再后来，在年仅 24 岁之时，李鸿章考中进士在北京任职。

1852 年，李鸿章随侍郎吕贤基回合肥办团练，力求对抗太平军。但仅八个月后，李鸿章与吕贤基在舒城被太平军围困，李鸿章借故逃离。不久，舒城被太平军攻破，吕贤基战死。

舒城破后，李鸿章转赴安徽巡抚帐下任幕僚。力主与太平军决战，并且声势浩大地立下军令状。但是刚一开战，李鸿章的能力严重不足，迅速丢了合肥，自己的妻子与小儿子也因此丢了性命。从此，李鸿章在各级官员眼中被普遍认为不堪大用。

万般无奈之下，李鸿章转投老师曾国藩，在曾国藩手下成为一名僚属。事实上，正是这一段经历，最后成就了李鸿章的仕途大业。

磨砺：

由于与李鸿章父亲的关系，李鸿章早年即拜曾国藩为师，所以曾国藩对李鸿章也早有了解。对于才华横溢、志向高远、文笔老练的李鸿章，曾国藩非常看好，称赞其“闳才远志，自是匡济令器”，“即知其才可大用。……（李鸿章）果能戡乱御侮，有声当世，窃自谓鉴赏之不谬”。但是另一方面，李鸿章身出名门，年少得志，身上带有一些“天才少年”的习气，比如为人傲慢、锋芒太盛、原则性差。针对这些曾国藩采取了一些非常规手段开始收拾磨炼李鸿章。

其一，一月不见。

1858 年李鸿章赴江西投奔曾国藩。没想到将书信托人递交曾国藩之后，曾国藩一个月不理不睬，害得李鸿章在旅馆苦熬了一个月。

心理学研究发现，人在等待之时，往往内心被即将到来的不确定性所影响，所以时间一长，心理承受能力大幅下降，心气也逐渐下滑，期望值相应降低。

心高气傲的李鸿章自恃才学较高，又加上父亲与曾国藩的交情，再加上过往在北京的一段师生情谊，他说什么也不会想到曾国藩会对他冷面以对。更何况自己在京为官约六年，后来辅佐的上级也都是侍郎吕贤基、安徽巡抚福济、提督郑魁士等人，怎么说自己也算是见过世面、经过风浪、有理论有实战的好苗子。况且投奔曾国藩之时，自己也已36岁了，按理说早就过了年少轻狂的年纪了。依这样的关系、学历、经历、年纪，无论如何曾国藩都应该给自己一个要职，给自己一次独当一面的机会。但是现在看起来，李鸿章所有的所谓优势都丝毫引不起曾国藩的兴趣。李鸿章的内心肯定失落到了谷底，必须落寞走人了。

峰回路转，在最后关头，曾国藩接纳了李鸿章。虽然官职不高，但也算给了李鸿章人生的一次重要机会。

如此这般，心情起起伏伏，相信一波三折进入曾府的李鸿章可能就此放下了太多不切实际的想法，从此务实，踏实许多。

其二，每日早餐。

李鸿章长年形成了一个晚睡晚起的作息习惯。但在曾国藩府上，曾国藩却长年坚持着早睡早起，早吃饭保养身体的原则。两人的作息习惯的不同不是什么原则性冲突，但曾国藩偏要从这一小事入手磨炼李鸿章。

李鸿章后来对追随自己的曾国藩孙女婿吴永说道："我老师实在厉害。从前我在他大营中从他办事，他每天一早起来，六点钟就吃早饭，我贪睡总赶不上，他偏要等我一同上桌。我没办法，只得勉强赶起，胡乱粗洗，朦朣前去过卯，这受不了。迨日久勉强惯了，习以为常，也渐觉不甚吃苦。所以我后来自己办事，亦能起早，才知道受益不尽，这就是我老师造就出来的。"

在这件事情上，曾国藩对于满腹经纶、自视甚高的李鸿章没有采取摆事实、讲道理的办法，而是在不做任何说明的前提下，逼他就范。经验告诉我们，与自视甚高的人探讨问题，他们往往只会接受他们自己愿意接受的东西，而对于不愿接受的东西一定百般推诿，难以落实。聪明才智此时都用于寻找借口敷衍了事上了。所以曾国藩的磨炼方式是不告诉你“为什么”，直接要求“做什么”，“先僵化，后优化”。在强制执行的过程中，依据悟性慢慢感受，最终内化。

这一点曾国藩对李鸿章可谓用心良苦，最终让那么一位如此傲慢、原则性不强的人亦步亦趋地开始自觉追随曾国藩，致使李鸿章的性格、处事方式甚至生活习惯都在慢慢向曾国藩靠拢。

梁启超曾指出：“李鸿章之治事也，案无留牍，门无留宾，盖其规模一仿曾文正云。”

通过上述描绘发现，这一举一动哪里还是那个当年轻言立下军令状，最终失败导致被屠城的李鸿章；哪里还是那个不拘小节，狂放不羁的李鸿章。

曾国藩之于李鸿章，有脱胎换骨之功德。

其三，逐出幕府。

1860年，曾国藩把大营迁移至安徽祁门，遭到李鸿章的反对。李鸿章认为此处地形凶险，实在不该将大营安于此地。但曾国藩却认为此地易守难攻，并未接受李鸿章的意见。但随后，曾国藩手下李元度因违背指示而丢失徽州，致使曾国藩的祁门大本营立刻处于凶险的情境。

曾国藩虽然平素与李元度交往甚好，当年兵败曾国藩试图投湖自尽就是在李元度的规劝之下转变主意。现在李元度丢失徽州，曾国藩本可以依据旧情大事化小，小事化了。但曾国藩不想助长下属违背命令之风，同时在部队接二连三遭受挫败的情况下，是需要通过惩戒下属来振作精神的。

在情感与原则冲突之时，曾国藩选择了原则。

但是李元度是李鸿章的好友，好友有了问题，李鸿章自然要出面替李元度争取利益。但其要求曾国藩改变主意的说辞竟是：李元度本就不适合镇守要地，是曾国藩令其履职，所以责任在于曾国藩，属于知人不明。

这种理由看似有道理，实则为诡辩。因为领导选择任职之人，绝非面向芸芸众生，而只能是在周边环境选择。所以只能选择在狭小范围内相对来说“最合适的”，况且李元度之过在于未按指示犯错。

曾国藩被中国知识界公认为一名正人君子。他对李鸿章长年不甚接受的有一点，那就是李鸿章在原则面前不坚持，显露出来一些“江湖气”“痞子腔”。再有，在祁门大营直面危险之时，他亦担心当年李鸿章在舒城临阵逃脱的事情会否重演，于是以不配合的名义将李鸿章逐出幕府。

离开曾国藩的半年时间里，李鸿章冷静下来参悟了太多道理，也被曾国藩的良苦用心所感动。当曾国藩打下安庆之时，从不肯服输认错的李鸿章主动给曾国藩写信道歉。孤高狂傲之人可以冷静思考问题了，曾国藩便邀请李鸿章再回到曾国藩大营，但此时李鸿章反倒以各种理由推托了。

这个时候曾国藩应该高兴了。

曾国藩知道清朝政府已经日暮西山了，必须有一强有力之人撑住危局。自己剿灭太平天国之后必然功高盖主，应以退为保。而以李鸿章的水平年龄正好可堪大任。但李鸿章功利之心过盛，用心太急，断事宜早，这些都是阻碍其发展的大问题。此瓶颈不过，恐难有作为。只有采用非常规手段磨砺其锐气，助其突破人生瓶颈，才可能辅佐大业。

曾国藩以一篇言辞恳切的书信召回李鸿章，又将其推上至高仕途，慢慢与曾国藩并驾齐驱。后来，日渐成熟的李鸿章当然对曾国藩的磨砺与栽培常怀感恩之心。于是在1864年，曾国藩、曾国荃兄弟进攻江宁之时，李鸿章按兵不动，拱手将剿灭太平天国的第一功劳让于曾氏兄弟。那个当年意气风发、心浮气躁的李鸿章此时已达“知进退，明得失”的至高境界。再后来，在剿灭捻军和天津教案的处理上，李鸿章两次“瓜带”恩师，甚至为自己赢得了超越曾国藩的威名与号召力。

但是，李鸿章一生以曾国藩学生自居，对老师毕恭毕敬，从无一句不敬之语。在曾国藩去世后，李鸿章更以“门生长”自居，以曾国藩的风格理念裱糊晚清大局。

李鸿章为曾国藩献挽联一副，深刻描绘了二人情谊。

师事近三十年，薪尽火传，筑室忝为门生长；

威名震九万里，内安外攘，旷世难逢天下才。

第八式

闭上眼：规避上级矛盾

（修炼要领：敏感）

我们不得不承认，在职场之上并非一切都和谐至极，一团和气。相反却少不了争斗、倾轧甚至你死我活。我们甚至也承认，这些都属于职场生态的一部分。其间之人要么基于不服输的特性，要么对于职场太过执着，甚至将身家性命皆倾注于职场之上，职场成为安身立命甚至飞黄腾达的唯一通途，在这种情形之下，职场中人彼此闹闹矛盾，进而上升为冲突，我们也就见怪不怪了。

超然世外当然可以心平气和，但是一旦介入是非则难以保留足够且必要的淡定与从容。

是非中人注定要做是非之事！这也属于职位要求，屁股决定脑袋。

职场当中的上级间矛盾甚至会上升为权力斗争，就像一个巨大的旋涡，会将周边之人连带地卷入其中。更为可怕的是，旋涡的中心更像是一个巨大的绞肉机，吃人不吐骨头。

针对职场当中的上级矛盾，作为职场中人尤其是新晋之人，教你一个顺口溜，做些提示：冲突少不了，最初远离好；成功靠运气，失败需认命；立场不动摇，意志要坚定。

冲突少不了，最初远离好

一个故事足以见识我国古代人的警觉与聪明。

春秋战国时期，齐国处士隰斯弥到大臣田成子的家去拜访，田成子请隰斯弥登上他家的阳台，远眺四方。他们向东、西、北三方遥望的时候，一片辽阔，可以看到很远的地方，而且景致都非常优美，但只有南边，那个地方大树参天，葱郁茂盛，挡住了田成子家的视线。而那里正是隰斯弥住的地方。对于这一点，田成子没有向隰斯弥说任何话，但是用意却是很清楚的，隰斯弥已敏感地察觉到了。

隰斯弥回家后，就开始思虑起来，他想，田成子是齐国的实权人物，得罪不得，为了要讨他的欢心就必须伐掉树木。于是隰斯弥就安排工人砍伐大树，但是，当工人砍了两三下时，隰斯弥突然又改变了主意，要工人停下来不要再砍了。家臣都觉得奇怪，便问他原因。

家臣问："刚才那么急着要砍伐那些树，现在又决定不砍了，这到底是为什么呢?"

隰斯弥不慌不忙地回答说："有一句谚语说：'知道渊中之鱼的人是最不幸的。'你想想看，田成子内心怀着极大野心要篡夺齐国的大权，他当然是随时提防着别人，怕别人看透了他的心思。如果我让他知道我已察觉了他内心的企图，他绝不会放过我的。如果我把树木伐掉，他就会清楚他的心理活动被我掌握了，要知道能够察觉对方没有说出来的，是很危险的。现在我留下那些树不伐就没有什么了。"

家臣听了恍然大悟。于是，那些大树便留下来了。

职场当中派别林立，办公室政治比比皆是。作为职场中人，最初还是远离较好。当然会有一些人，在入职场之前就跃跃欲试，高度兴奋，一头扎入纷争与矛盾当中，但是问题就来了：

其一，你看得清楚吗？你能够分辨应该帮谁、不应该帮谁吗？此时，你只会明白你喜欢帮谁，不喜欢帮谁，可是喜欢等于应该吗？这差距可是太大了。凭借喜欢而做出选择，看来你在事后后悔是不可避免的了。

其二，你有那个能力吗？说得直白一点，你能够帮助到别人吗？再说得更直白一点，你匆忙站队，人家瞧得起你吗？以此等身份能力去匆忙站队，那就是小喽啰找老大，不是加盟，是找靠山。即便老大接济你了，那也不叫联合，叫扶贫。

在职场当中，有太多的是非恩怨。初来乍到之人确实无法分辨清楚，纵然一件看似简单的事情，但促成此事的内在原因与外在势力错综复杂。就像冰山，水面之上貌似不大，但巨大身躯藏身水面之下。冰山可以撞沉最大最豪华的轮船，所以以区区之幼稚体魄，悍然挑战，属于不自量力。

在尚未看清各路形势的情况下，贸然加入战团，从支持方角度而言叫“添乱”，以敌手角度来看叫“找死”。

真的想加入其中，先静观其变，再伺机而动吧。

成功靠运气，失败需认命

职场中人一旦踏入是非恩怨，恐难有良好结局。但不涉其中，又恐被讥讽为明哲保身，缺乏魄力。这也不对，那也不对。是否拥有两全其美的选择呢？

可能没有，这个可能真没有。

唯有一策告知：在职场初期，职场中人要尽量避免陷入职场中上级的争斗之中。这种超然世外的行为在职场中避免的是被冲击，但结果可能是无未来，说得更直白一些，没有人带你玩了。

投身争斗旋涡，有时实为无奈之举，因为树欲静而风不止。

假如你水平很高，人际关系很好，在同事中又恰好具有一定的号召力，这些所谓优点、长处势必造成你会被某些人关注，要拉你入伙。他们可能并不一定要使用你，但是拉你入伙是扩大地盘的需要，同时拉你入伙也就让对手无法染指你。扩大自己、限制对手，何乐而不为呢？

有人要拉你入伙，你怎么办？断然拒绝，死路一条。装糊涂，蓄意回避，最多有三次机会（三顾茅庐是上限了）。这个时候，你必须要选择了。那么基于什么原则选择呢？

你这一生到底想要什么？

如果你本就不思进取，小富即安，还是远远地避开吧。少了许多苦恼也少了一些风险，但是最后你不可以后悔，用一个词来说就是“舍得”。人生也好，事业也罢，不舍不得，有舍有得。

如果你对你的未来并非抱有云淡风轻、淡泊名利的态度，那么你就要做出一个动作：投入，投身其中。这一点可能是无奈的，但可能是必需的。这一点与前文所谈“最初远离好”并不矛盾。前面所谈“最初远离好”的意思告诉你，在羽翼尚未丰满、是非尚未明辨之时就涉入其中，与认真观察、明辨是非之后再做主动选择，两者之间有着截然不同的状况和后果。

但是一旦选择，成功了也不要沾沾自喜、鄙夷他人，只有在心里默默告诫自己：非我能力强，实在是运气好。一旦失败、身败名裂，也需要坚强面对。任何人都要为自己的选择承担责任，怪一声命不好就行了。毕竟这一段路是人生的一段宝贵经历，只要你不死，你就不知道这次失败于你而言是好事还是坏事。

在这里，让我们来回顾一个故事，一个你肯定听过，但是没有人这么给你讲过的故事。那就是：诸葛亮设计杀马谡。

诸葛亮设计杀马谡

当司马懿大兵来犯，街亭无人镇守，这时诸葛亮征询大家意见：街亭虽小，但位置突出，失守与否，事关重大，谁来镇守？“我！”马谡毛遂自荐。

在此事之上，马谡是否属于勇挑重担？当然。

上级领导对于一名勇挑重担的下级应如何面对？少不了一番鼓励嘛。

但是，诸葛亮的做法恰恰相反，不仅没有鼓励，反倒进行讽刺打击：“我看谁都行，就是你不行。”

可怜的马谡，绝对没有诸葛亮的老谋深算，即便有他对诸葛亮也没有处处提防、小心防范。毕竟两个人太亲近了，可怜的马谡面对诸葛亮时真的从未考虑使用“防火墙”。

于是马谡言道：“我一定要去。”

“那你敢立军令状吗?”

“敢，立就立。”

事实证明马谡还是太年轻，因为人在盛怒的情况下是不应该决策的，否则绝对出的都是昏招。

今天看来，马谡可能是一位非常优秀的将才，但是在心理学技巧方面还是有他的短板。

“好，那就立军令状吧。”诸葛亮很高兴。

请问诸葛亮在每次指派任务时，都要求下属签订军令状吗？为什么在如此紧急的情况下，本来应该使用更多激励鼓动的时候，他非要使用这种让人毫无退路的方法呢？

立下军令状，我马谡为了你的事情，反倒要把命押给你，那么接下来我想要怎么做就应该让我随心所欲了吧。当然不能让你马谡随心所欲，一旦守住了街亭我诸葛亮可怎么办？此时一定要为你制造一些障碍，让你无法完成任务。

我们其实真的可以不用这么阴暗的心理去揣度诸葛亮的，但是在此事之上，他的所作所为又无法不让我们心中生出大大的疑问。你想想，上级与下级在众人面前打赌，打以生命为代价的赌，如果下级赢了，谁没面子？

所以接下来诸葛亮做了一件应该被深度诟病的事情——离间王平。

王平本是马谡的副将，换句话说，王平归马谡管。马谡才是王平的直接领导，但是诸葛亮却把手伸向王平那里。

我们可以通过极富画面感的方式去猜想一下，在诸葛亮那间带着明显的阴暗诡秘的办公室内，诸葛亮笑容可掬地接见了王平。

“王平将军可好哇，咱们可是很长时间没有联系了，我其实一直都在关注你，我一直认为你是一位优秀的‘后备干部’，前途无量。现在在马谡手下多少有些屈才了呀，但是没关系，你的表现领导会看在眼里的，领导会根据自己的判断决定你的未来的，所以不要担心跟了谁，跟了谁最后也是要归结为跟我诸葛亮。怎么样，随马谡去镇守街亭有什么问题吗？家里面有什么困难没有？你看你还有什么要求？”

愚蠢的王平一定不会猜想到诸葛亮心里真正想的是什么。此刻，王平心中一定心潮澎湃，心旌荡漾。丞相如此看中自己，美妙的未来肯定就在不远处向自己招手呢。这个时候，受宠若惊、忘乎所以一定是形容他的最好词语。

“丞相，我是什么人您还不清楚吗，无论上刀山下火海，我王平一定紧紧追随着您的脚步，誓死效忠丞相。还有一句话我一直没有机会对您说，丞相，您其实是我偶像呀。”

诸葛亮微微一笑：“好呀，我了解你，我当然了解你。你，我是完全信得过的，只不过此次前去镇守街亭我还是有不放心的地方啊。”

“丞相，有什么不放心的事情，您跟我说。”

“好呀，这件事情王将军我瞒谁也不能瞒你了。你知道现在全国上下的人都知道我与马谡的关系不错，其实大家哪里知道，这小子近一段时间也开始不听话了。”

“有这事?”

“可不是嘛。”

“那他真的不对。谁不知道没有你丞相，哪里有他马谡的今天。”

“话是这么说，但是人与人之间哪能一样啊。你看，今天这事，我原意是你哪有那个能力去守街亭啊，我其实就是征求一下大家意见。我的意思是等赵云将军回来。你看他太好表现自己了，不让他去还就不行了。我是想用个军令状吓一吓他，把他吓退缩就完了，谁知道他还来劲儿了，你看这事闹的。”

“丞相的心，马谡怎么会懂得?”

“王将军，马谡不懂，你该懂呀，你是这次镇守街亭我唯一的希望呀。”

“丞相您的意思是?”

“王将军，我告诉你，马谡这个人实在是太愿意耍小聪明了，但他的那点水平实在差得远呀。所以此次前往街亭，有一件事情我只能拜托你了。”

“什么事丞相请讲。”

“我猜马谡此次前往街亭布防，一定会选择在山上扎营。你一定不要听他的，你一定要坚持在路上扎营，清楚吗?”

“放心吧，丞相。”

“王将军，大汉生死托付您一个人了。”

王平终于等到了他这一生当中最重要的时刻。一个平凡甚至是平庸的人此时此刻他的责任感突然被无限放大，堪比顶天立地的改变历史进程的史诗般的英雄。其实在诸葛亮的一番恭维之下，换作谁在此刻也肯定会忘乎所以，不知道自己是谁了。在当时的蜀国王平一定以为他是一位仅在诸葛亮一人之下的重要人物。虽然马谡名义上还是他的领导，但是那仅仅是短期的过渡性的安排而已。丞相已经说得太明白了，在镇守街亭这件事上，马谡一定会露出破绽，肯定要有人取而代之。而那个力挽狂澜之人还用问吗？是历史选择了我王平，其实原本我就不是一位平庸之人，只是没有等到合适的机会。现在是我大展宏图的时候了。而大展宏图要干什么——不听上级的，对抗马谡，搞掉马谡。

以上的情节无疑是我们虚构的，但是问题的实质是一样的。那就是诸葛亮设计杀死马谡的决心是不折不扣的。

有一个管理理论，我们有必要在这里说明一下，那就是组织的科层制（也叫官僚制）（见图3）。

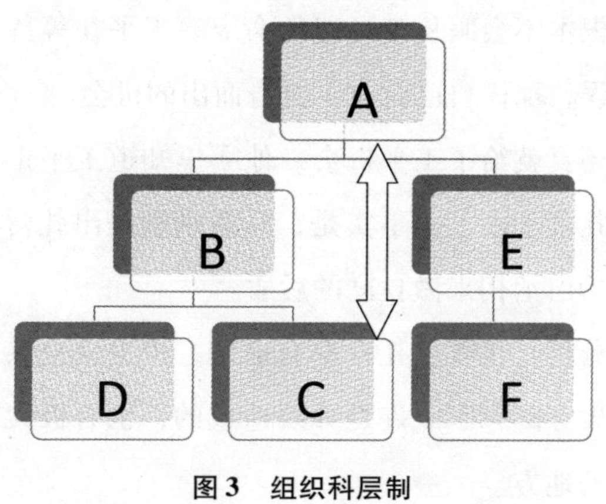

图3 组织科层制

科层制来源于一位著名的学者马克斯·韦伯。基本的意思就是：按照权力分层的原则把权力逐层分解，每个层级的岗位按照职责分工负责，每个岗位人员按照直线汇报关系对上下级负责。这种方式有效地对抗了君主权力独大、独裁的情况，可以说是人类管理领域内一次伟大的创造。在科层制的管理体系当中，每个人都应该自觉接受对于他个人权力的约束。

比如，A 是一位高级别的领导，B 是 A 直接管理的中级别的领导，B 有一位直接管理的下属 C。正常的情况下，C 要向 B 汇报工作，B 再向 A 汇报工作。原则上，A 与 C 不应该有直接交流工作的机会，他们之间的工作交流一定要通过 B 来完成。

但是这种原则并非绝对，如下的情况可以考虑和接受，那就是上级可以越级考察，下级可以越级申述。

但是如下的情况绝对不能接受，那就是下级绝对不可以越级汇报（这叫僭越），上级绝对不可以越级指挥（这叫越权）。上级与下级的下级之间发生了“短路”的无缝连接之后，你让上级的下级，下级的上级——那个倒霉的 B 怎么办？

现在明白了吗？在诸葛亮的精心策划之下，马谡成为了那个可怜的、倒霉的 B。

诸葛亮通过与王平的交流，成功地在王平心中瓦解了马谡作为领导的权威，使得王平根本不会服从于马谡的命令。王平在等待着马谡犯下诸葛亮事先预料的错误，那样自己就有了挺身而出的机会。

可怜的马谡还真就给了王平机会。他哪里知道王平正在虎视眈眈地等待着马谡把兵马扎营于山上。事实是，马谡刚刚提出扎营山上，王平立刻出面制止，并且抬出丞相来做自己的后盾。

其实冷静地分析，在哪里扎营都有道理，依据就是兵分两路扎营最后也都败了。街亭失守的原因或许是分裂造成的，也有极大可能就是街亭本身是一个守不住的地方。

守不住和分裂是造成街亭失守的原因。当然其中最让人难以接受的原因就是分裂。一共也没有多少人马，又兵分两路，岂能不让人各个击破？再加上马谡的个性使然——遇到争执不退让、不变通，当王平提出路上扎营，即便这是对的，他也不愿意承认了。换句话说，诸葛亮通过操纵马谡的个性弱点，堵死了马谡的退路。

还有一点不能不提，那就是马谡与诸葛亮的个人情感。马谡实在是太信赖诸葛亮了，所以在王平抬出诸葛亮时，马谡忍气吞声地接受了，而没有据理力争，没有反抗。其实反抗了又能怎样呢？我马谡把命都押在你那里了，为什么还要在我手下安插搅局捣乱之人？

如果马谡此时能够果断行事，应该一剑斩了王平再说。但是马谡就是马谡，他年少轻狂，在争执时不知灵活退让，在大是大非的原则前又有些瞻前顾后，顾及太多，最后自然落得个如此悲戚的下场。

不幸丢掉街亭之后，诸葛亮二话不说，他没有给马谡申辩的机会。可怜的马谡此时也没有了那位可以通过“哭”而能够让诸葛亮回心转意、收回成命的主公刘备，没有任何人来救他，所以他只能任由诸葛亮让他身首异处了。

可是问题来了，诸葛亮为什么要刻意、设计、施展伎俩来杀马谡呢？

在诸葛亮杀马谡的故事里，人们惯常的说法是“挥泪斩马谡”。今天我们绝对相信诸葛亮在这件事情上会有“挥泪”的表现。但“挥泪”（泪水之奔涌之势可见内心之彻心悲恸）的原因并不是因为马谡的能力不足，而是因为马谡陷入了一段是非纠葛当中而致使诸葛亮不得不处心积虑地忍痛割爱。

这段是非纠葛是什么？

诸葛亮一生最担心别人将自己与谁相提并论呢？曹操嘛。诸葛亮一生都在攻击曹操的一点就是“挟天子以令诸侯”。但是“时位之移人也”，不知不觉之间，诸葛亮也身处同曹操几乎一模一样的尴尬境地。

刘备死后，蜀国当中诸葛亮大权独揽，幼主少不更事，所以事实上再次在诸葛亮身上形成了“挟天子以令诸侯”的事实。当然面临着众人眼中诸葛亮地位的变化、权力结构的变化，相信蜀国之内对诸葛亮腹诽之人颇多。更有甚者一定会有人在幼主面前结党结派，屡进谗言以求削弱诸葛亮的实际权力。在君臣即将失信、失和之时，单凭诸葛亮的几篇效忠文章（前后《出师表》）当作“思想汇报”恐怕难有作用，于是诸葛亮需要做出一些举动打消幼主一派对他的防范之心，以求自身清白。

为求自身清白、不会结党营私，诸葛亮要选择杀掉一位别人最不可能想象得到的自己周边亲近之人，力证自身。马谡此时便被诸葛亮寻觅锁定了。

选择杀马谡既是因为他与诸葛亮个人情感太好，另外还有一个原因就是刘备对于马谡的判断。

刘备在白帝城临终之时，其实在托孤之时就对诸葛亮做了一番敲打。其一就是如果认为幼主无能，无法堪当大任，诸葛亮可以取而代之。

诸位，大家不妨设想一下，这句话是对诸葛亮的“劝告”还是“警告”？

知子莫若父，刘禅的实际水平有多高，难道刘备不晓得？如真有意让诸葛亮取而代之，应该由刘备将皇位禅让于诸葛亮，而不是让诸葛亮在刘备死后以丞相的身份废掉皇帝——连曹操都不敢公开做的事情，诸葛亮如何做得出来？

再有，即使诸葛亮心无旁骛，坚守立场不动摇，谁敢保证诸葛亮身边的人不会有此想法。万一有些势力超群的人扶持诸葛亮搞了一个类似宋朝赵匡胤式的“黄袍加身”，自己苦心孤诣打下的天下岂不拱手让与他人。谁最有可能促成诸葛亮做成此事，而目前诸葛亮对其又无防范之心呢？马谡也。所以刘备在诸葛亮面前第二方面的敲打就是不留情面地痛批马谡，直接指出此人不可重用。

我们分析一下马谡是否可堪重用。“七擒孟获”的主意即出自马谡，遍寻蜀国能把计策出于诸葛亮之上的人唯马谡一人。但马谡的问题是与诸葛亮关系过于亲密，刘备料定诸葛亮难以下定决心除掉马谡，所以在对诸葛亮皇位问题的警告上还在含沙射影、云里雾中，但在面对马谡的问题时则直来直去，态度鲜明，明示力度以求诸葛亮下定决心。

相信诸葛亮闻听刘备之言，一定是心头一寒。诸葛亮太了解自己的主公了。虽然每每在外人看来刘备对诸葛亮始终是礼贤下士，言听计从，但或许只有诸葛亮心中知晓，在历次与刘备的较力过程中，诸葛亮始终是一个失败者。最简单的就是，如果刘备不是一个高手，不是一个能够拿得住诸葛亮“七寸”的高手，怎么可能以其惨淡的家业便将诸葛亮“三顾”而纳归其中呢？

诸葛亮太清楚了，刘备在托孤之时警告了诸葛亮即便是幼主再愚笨，也不要对皇位有非分之想。再有，迅速清理自己的门户，绝对不可拉山头，建朋党，最终孤立幼主拥兵自重。

明白了，就做吧。——马谡危在旦夕了。

但是怎么忍心下手呢？但是又怎么可能不下手呢？你知道刘备生前有没有在此事上面留下个把“护法大臣”？待他们出手，一切都被动了，难以控制局面了。既然马谡不能不死，那么还是死在诸葛亮手中算是得到一个好下场。死是必然，但是诸葛亮可以控制马谡的死因：后世可以认为马谡死于无能，但不要认为他死于叛国；马谡可以是一个平庸之辈，但是绝对不能成为乱臣贼子。

在经过一番只有诸葛亮才可能体验的痛苦煎熬之后，他终于在守街亭的事情上找到一次机会，掩人耳目地除掉马谡。

基于如此原因，诸葛亮在杀马谡之时的“挥泪”当然发自内心，但同时有苦无法说出口。

马谡哇，马谡。别怪我。纵然你学富五车，你我情感深厚，但我也不得不为之。只能将你当成维持我清白，实现刘备遗愿的牺牲品。谁让你介入到了如此错综复杂的情况当中？你就认命吧。

一切都出乎意料。

但是，思想无止境，更为出乎意料的是，马谡会不会早就看出其中端倪，故意装作毫不知情，极其悲壮地配合了诸葛亮的伎俩而杀身成仁呢？

我们真的不知道。

我们只知道，陷身于此等矛盾之中，慷慨赴死还是死得稀里糊涂都是命运使然，难以抗拒。

立场不动摇，意志要坚定

人际当中一定少不了纷争，职场当中也是少不了争斗。下定决心加入战团之后，除了听天由命之外，加强自我修炼则显得更为重要。

在某些层面，我们也希望通过自我修炼，降低一旦站队失败所造成的毁灭性的风险。比如，管仲原本就不是齐桓公的“自己人”，韩信原本也不是刘邦事业的“创始人之一”，魏徵原本也不是李世民手下的“肱肱之臣”，等等。但是以往的经历都没有妨碍他们在后来“转会加盟”之后在新领导手下重新登临事业巅峰、获得人生辉煌。除新上级有自身想法需要他们之外，另外他们身上的诸多能力与优势也成为在“转会”之后仍旧可以“转危为安”的“护身符”。

那么这个可能带给你再一次重整旗鼓机遇的“护身符”都包括哪些东西？一是能力必不可少。二是态度同样非常重要（你需要有明确的意愿，且让人感觉到真诚、不虚伪）。拥有以上两点，人们才会愿意再给你机会。

但如下的这一点则显得更为重要，那就是对当事者的为人判断（重要的就是立场与意志）。拥有这一点，让人们对你有一个较好的为人评价，可能不一定让“对方”给你机会，但却不缺乏来自“对方”的尊重。同时也可能让你获得“本方”后续部队，甚至局外其他方面势力的赏识与起用。

在中国古代，有两名同为姓吕的人，都可谓名传千古，但人们对二人的评价则有天壤之别。其一为汉末名将吕布。其二为宋初名相吕端。

吕布有“三姓家奴”之贬称。吕端有“大事不糊涂”的美名。

试想，在《三国演义》的故事当中，有谁可称天下第一美男子？吕布也。有谁堪称天下第一猛将？吕布也。有谁被天下共耻，死不足惜？依旧是吕布。吕布之悲惨的命运除因缘际会的外力之外，自身毛病不容忽视。

第一，吕布违背了“冲突少不了，最初远离好”的训诫。在早期“投错了胎，跟错了人”，把自己完全放在历史大势之对立面，前程可想而知。

第二，吕布成功归自己，失败不认命，把自己当成商品，谁价高卖给谁。自恃过高，颠覆了自己的每一位上级，经历的过程惊心动魄。

第三，立场屡摇摆、意志不坚定。这些错误就注定了吕布凄惨的一生命运、人生结局。只可惜的是这种结果与天下第一的能力和天下第一的帅气组合在一起。如此荒谬的组合，致使人们对吕布的评价也显得有气无力。

同样为天下第一勇士，兵败如山倒的项羽和吕布就有着截然不同的历史评价。

力拔山兮气盖世的项羽留下的是“霸王别姬”的凄婉和“无颜见江东父老”“自刎乌江”的唏嘘感叹。力敌三英的吕布留下的则是因偷情貂蝉而反目的猥琐，是“三姓家奴”的不屑之评价。

项羽之死，天下慨然（包括对手）。

吕布之死，天下释然（包括貂蝉）。

讲了不好的，再讲一个好的——吕端。

吕端大事不糊涂

《宋史·吕端传》记载：太宗欲相端。或曰："端为人糊涂。"太宗曰："端小事糊涂，大事不糊涂。"决意相之。意思是说，宋太宗想认命吕端为丞相。有人进言："吕端为人糊涂。"太宗回应说："吕端在小事上面糊涂，大事从来不糊涂。"坚决授予吕端丞相的职位。

天下熙熙，皆为利来，天下攘攘，皆为利往。

此言曾被无数人奉为人生圭臬，对此言五体投地。但是大宋宰相吕端的做法却与此说法背道而驰。面对常人往往过于关注的职位高低、声誉尊严、财富多寡等问题，吕端却表现了一种超然物外的态度，绝不斤斤计较，所以世人称为糊涂。但是在面对大是大非、坚持手段的合理性、坚守价值底线、关乎国家命运的问题上吕端却寸步不让，在坚持原则与立场的问题上毫不马虎，所以后人称为不糊涂。

让我们举例说明吕端的糊涂与不糊涂，相信比较之后许多问题会一目了然。

糊涂一：让贤寇准。

公元995年，宋太宗任命吕端为宰相。对于这个在当时社会环境当中人人向往攫取的职位，吕端却并未过分看重，并未十分在意其他人的染指其中。吕端甚至为调动全体臣僚的积极性，不惜自己主动放权和让位。

当时与吕端同时代的当朝的一位名臣寇准，其威望与吕端可以说不相上下，相对于吕端的平和、包容，寇准给人留下的印象是才华横溢，处理问题果断干练。

从一般的经验来看，寇准的这种领导风格比较接近我们前面所说的"创新型"与"实干型"的领导类型，思路清晰，反应快，所以比较容易被大家迅速接受，非常容易获得别人的好评与高支持度。相反，吕端的领导风格更接近“官僚型”和“整合型”的领导类型，不追求外在的抢风头与夸夸其谈，在内心当中却思考严谨，处事稳重，包容心强，同时也势必会牺牲了一些外人对自己的较高评价。

打个比方，如果吕端与寇准在竞选同一职位时，通过投票选举的方式竞争，寇准的胜算几无悬念。如果是由资深的高级别领导推荐竞争，相信吕端胜算大增。一个简单的格局，吕端是正职，可以操控寇准，发挥两个人的作用。如果寇准是正职，他往往会尽情施展才华而忽略了调动他人积极性，所以一般只会发挥自己一个人的作用。

当年吕端一定是明显感受到了自己任宰相之后寇准的不服气。是任由“瑜亮情结”发展下去，自己大权独揽再适时适度给寇准一些惩戒与教训，还是装糊涂，刻意回避自己与寇准的这种曾有的竞争关系，通过分权释放寇准施展才华的积极性，避让寇准因不得意所有可能产生的消极对抗的情绪，从而促进组织运作的高效与顺畅？

高风亮节，吕端奏请宋高宗下令，让身为宰相的自己与相当于副宰相的寇准轮流掌印，领班奏事，并让寇准参与议事堂中要事议政。

在部门中有两位领导都负责的情况下，为区分主次，宋高宗下诏将朝中大事先交于吕端处理，由吕端决定再交皇上处理。当吕端拥有这种疑似“绝对权力”之时，吕端的选择仍旧是事事与寇准商议，绝对不让寇准有“被边缘化”的感觉。再后来，吕端竟然直接主动把宰相的位子让于寇准，自己心安理得地担当副宰相的位子。在权力不讲回馈的仕途规矩上，吕端实在是走得太远了。

糊涂二：放弃报复。

职场如战场，仕途要较量。有官职需承担职责之人难免会陷入一些争斗的旋涡之中。在人际矛盾之中，是“有争斗就上，没有争斗创造争斗也要上”，还是在一些非原则性问题上先息事宁人，规避矛盾激化为好呢？

吕端选择的是后者。

官位做到一定高度，对主要决策者拥有足够的影响力的时候，有些是非之事便不请自来，让人难以摆脱干系了。于是矛盾、冲突甚至是对抗接踵而至。

有人叫阵了，是否接招？

在这个方面接招、出手就是你死我活，入场就是水深火热。

不接招又被人讥讽为胆小、贪生怕死、能力弱、缩头乌龟。

而这时真能忍住不出手的除良好的修养外，还靠博大的心胸。

吕端做到了。

宋太宗时，朝中重臣李惟清在掌管全国军事的枢密使职位被调任到负责监察百官的御史中丞的位置上。级别相同，但重要程度明显不同。李惟清认为在自己的这一次调动职位问题上吕端一定难脱干系。来而不往非礼也，于是罗列罪名告了吕端一恶状。吕端事后知晓后表现得不以为然，既不申辩也不回击，只是轻描淡写地回应自己一生清白，不怕告状。

还有一次，吕端的领导风格使得许多不真正了解他的人难免认为他能力低下，行事糊涂。在吕端任职参知政事之时，一次在文武百官面前，一位小官吏公开质疑吕端的能力是否应有这样的职位。面对着这次在众人面前的公然挑战，吕端制止了随行人员去询问此人的身份姓名，并且说出一段推心置腹的话作为解释。

这种人敢于当面侮辱我，当然会有一定的胆量。

有一定胆量的人，你问他叫什么，他一定告诉你。

他告诉我，我就一定会记住。

我一旦记住了，我敢于保证不会蓄意为难他。

但我不敢保证，他有事犯到我手里时，我不会顺势而报复他。

所以还是不知道的好，免得难以保持心静如水。

糊涂三：淡漠财富。

一个摆脱了“官”的诱惑的人，在“财”上能够同样摆脱贪念吗？吕端再次做到了。从目前能够查到的资料来看，吕端在财富的问题并无受人诟病之处。

吕端任官职四十多年，为官清廉始终为人称道，从未有贪污受贿之事。同时，对财富也视过眼云烟，不仅不重视置办产业，即便是为官所得的俸禄也常常去周济他人。在吕端死后，吕端的两个儿子无钱结婚，只好把房子抵押出去。宋真宗知道此事后，亲自拨付了钱财将吕端的房产赎回，再将吕家旧账清偿。位高及宰相之人，死后家道如此窘迫，堪称世间少有。

以上三件所谓糊涂之事，充分体现了吕端的个人修养与操守，概括说是一种人格魅力，当然足以令人心生敬意。但是这些高贵的品质并非我们此一部分的重点，我们关注的是吕端在身陷是非之时的不糊涂。接下来要与大家分享的是那个不关注权也不在乎钱，甚至也不在乎声望的整天糊里糊涂的吕端，在面对职场中应对的国家大事之时表现出来的是怎样的坚持与坚定。

不糊涂一：安抚李继迁。

宋朝在我国历史上比较特殊，那就是与周边少数民族的关系始终没有处理好。平息、妥协与周边少数民族的矛盾成为宋朝的一个关键性的历史主轴。

吕端所担任职位时期，有一个党项族人李继迁曾经归顺了北宋，但后来又选择了背叛北宋，率部在西北边境上屡次侵扰北宋，所以北宋许多人对其恨之入骨。某一次，宋军在与李继迁的交战过程中，成功俘虏了李继迁的母亲。消息传到朝廷后，宋太宗就与时任掌管全国军事的枢密副使寇准商议如何处理李继迁的母亲。在宋太宗与寇准商议后，二人决定在边境上举办一次大张旗鼓的活动，当众杀掉李继迁的母亲，既泄了多年以来对于李继迁的愤慨，同时也惩戒了李继迁，警告了其他人。二人商议之后，寇准离开时恰好遇到吕端，在吕端的追问之下，寇准把商议的事情向吕端和盘托出。

吕端一听，深感惊讶。

在中国的传统文化思想体系当中，从来不认为以暴制暴、以恶制恶、血腥的杀戮是一件多么光彩为人称道的事情。相反，我们推崇的是“不战而屈人之兵”的智谋，推崇的是“兵不血刃”的高超水平。相反，“破釜沉舟”和尸横遍野、血流成河却往往被人们认定为鲁莽和血腥。

一个国家，一个自诩为文明大国的国家，怎么可以通过屠杀一位老妇人去彰显自己的强大呢？这种行为就像北风一样，只能让行人身上的衣服裹得越来越紧。只有宽容与仁慈才能树立良好的大国形象，让人们备受感召，就像和煦的阳光才能让行人自动自愿地脱下外套一样。

吕端知道，宋太宗决定要杀李继迁的母亲实在是被李继迁的行为所激怒，但此等意气用事只能贻误大局。

吕端于是对寇准说，此事非同小可，请你暂时不要执行，待我与皇帝再商量一下。

接下来要与皇帝商量，让皇帝收回成命，无异于告诉皇帝你的思想境界太低，没有思考到足够的高度，所以你的做法从根本上来说就是错的。

这么劝很可能事与愿违。

吕端当然不会这么做。相反，他是顺着皇帝的思路去规劝宋太宗。

吕端告诉宋太宗，这样做可能达不到想要的目标，因为同样的事情在中国历史上曾经发生过。楚汉战争时期，项羽就曾经抓住刘邦的父母妻儿，在两军交战时扬言要杀掉他们，但是刘邦依旧不为所动。能做大事的人都是那些硬心肝，能放下、能舍得的人。刘邦能够不为所动，李继迁这样野蛮之人就更会不为所动了。杀了他母亲反倒可能激化矛盾，坚定了叛乱之心。

宋太宗在接受吕端劝告的时候，并没有感受到自己思想层次低下而受到的抨击，相反，只是觉得自己的手段有些欠考虑，因为李继迁不是自己一类的文明人。在心情愉悦的情况下，宋太宗迅速接受了吕端的建议，没有杀害李继迁的母亲，相反，选择一个安全之地妥善安置了李继迁的母亲。所以此次仁慈行为的最终结果是，在李继迁与吐蕃的冲突身亡后，李继迁的儿子归顺宋朝。

试想一下，此等思想格局和规劝技巧会是一个糊涂之人所为吗?

不糊涂二：挫败宫廷政变。

在宋朝开国皇帝宋太祖与其弟宋太宗的权力交接之时，曾经出现过一个让人议论纷纷的“烛影斧声”。接下来宋太祖迅速暴毙，由宋太宗继位，所以人们对于宋太宗继位的合理性大多抱有质疑，从而在一定程度上影响了北宋王朝的权威性。

一个朝代不应该在一个石块上面栽两次跟头。当公元997年，宋太宗病危之时，为避免重蹈覆辙，防患于未然，吕端每天都陪着太子赴太宗病榻前探望，以防生变。

当时朝中有一位宦官王继恩，担心太子继位对自己不利，于是串通皇后，又笼络了几位朝中重臣意图趁宋太宗去世的混乱时期废除太子，另立楚王赵元佐为皇帝。试想，此宫廷政变一旦成功，北宋便又将陷入各种冲突甚至分裂的可能当中。

吕端成为当时力挽狂澜之人。

宋太宗刚一去世，宦官王继恩便要求吕端入宫拜见皇后，然后逼迫吕端表态拥立楚王继位。

没想到，吕端见到召自己入宫见皇后的王继恩时，虽然表面上不露声色，但内心早已识破了这个伎俩。所以吕端果断将王继恩囚禁起来，然后入宫面见皇后，直截了当地拒绝了立楚王继位的要求。由于王继恩被囚禁，所以皇后一方许多宫廷政变事项无法推进，于是吕端趁乱率众臣拥立太子（真宗）继位。并在即位仪式上亲自确认太子身份之后，才率领群臣跪拜，接下来又将发动宫廷政变的几个关键人物发配外地。吕端在大宋皇权更迭的生死攸关之时，几乎凭借一己之力挫败了宫廷政变，在关键时刻维护了太宗政权的稳定。

吕端一生经历了三代帝王，每位君王均对其给予充分信赖，这种境遇在中国历史上实属难得一见。这与他在大局、大节问题上毫不糊涂，越在关键时刻，越能够保持立场的坚定不动摇；但在事关个人利益的问题上却能“糊涂”了事的品质是有很大关系的。

当然相对而言，“糊涂”属于个人修养，坚持自身修养，难能可贵，足以为人称道。

“不糊涂”属于坚守职业操守、奉行价值观与原则，高山仰止，堪当遗世千秋。

所以吕端一生最为人称道的自然是他的“不糊涂”，再辅之以“糊涂”的点缀与陪衬，便越发令人叹为观止。

参考文献

[1] 华西列夫斯基. 华西列夫斯基元帅战争回忆录 [M]. 北京：解放军出版社，2003.

[2] 晏建怀. 吕端，大宋王朝的“糊涂”宰相 [J]. 环球人物，2014 (7).

[3] 寒波. 李鸿章与曾国藩 [M]. 上海：上海人民出版社，2004.

后　记

关于下级法则，多说几句

本书目前的关注点仅仅放在了在面对上级时如何成为一名优秀职业人的环节上面。很多人会认为这个环节确实很小，小到几乎可以忽略不计，但是我们却认为这个环节影响巨大，大到可以左右你的职业人生。

我们把职场中下级法则的建议，比拟为武功修炼当中的招数。一则因为这部分属于最简单、最常规的部分，是习武刚一开始就必须面对的。就如同职场当中作为下级面对上级也是职场修炼当中刚一开始就需要面对的问题与考验，躲都躲不开。二则招数又是组合成为今后学习修炼当中的套路的基础，基础没有夯实，今后的修炼之路便不结实。这一点又像极了职场修炼，如果你连下级都不会做，今后谁还会给你机会？我们的职场人生又如何能走得踏实？

前面我们已经用文字述说面对上级的诸多要求和思考。下面是对本书内容的小结。

关于招数

多年前中国有一部电影风靡全球，那就是成就了一代武术巨星李连杰的电影《少林寺》。当这部电影在英国放映之时，英国人终于看到了除李小龙之外的来自中国大陆的功夫明星群体。人们终于相信，原来李小龙所表现的中国功夫是有着巨大的群众基础的，所以大家都开始相信中国人身上有个东西深藏不露，那就是中国功夫。

一日，一对中国留学生夫妇晚饭后在伦敦的街头散步，行至一个偏僻的街道时，被一对黑人大汉硬生生地截住。两位黑人大汉一张嘴便开门见山："我需要钱！我需要钱！"

这就是传说中的资本主义国家的抢劫呀。

来自中国的留学生夫妇心中不爽，心想你们两人也真是的，要抢也要找个发达国家的人，不要抢我们发展中国家的人呀。别说没有钱，有钱也不会给你，因为我们中国人从小受到的教育就是威武不能屈。此时留学生夫妇中的丈夫向前跨出一步，目光如炬，表情镇定，把妻子向身后一推，大喝一声，让我来。然后面对两个黑人大汉把两臂平举，亮出一招"白鹤亮翅"。

这对黑人大汉本来看着两个身材不高、身型不甚魁梧的中国夫妻料定胜算极大。但是没有想到两位中国夫妻毫无畏惧，中国男子主动向前迎敌，并且亮出一个他们平生从未见过的奇怪招式，再联想到《少林寺》当中的诸多情节，二人顿时心生畏惧，大喊一声"中国功夫”，转身就跑。

这个故事来自许多年的一本著名杂志《中国武术》中的报道。中国留学生一招吓退两劫匪的故事当时令我们自豪不已。

从武功修炼的角度来说，招数既是武术套路当中的基本组成部分，同时也可以独立分拆使用，是进一步修炼功夫、提升水平的基础。

作为职场中人，最先起步注定要从下级做起，因此在职场修炼之始，也必然要从面对上级开始。但是非常遗憾的是，关于这一部分内容我们的高校教育从未涉及，正统教育对此似乎不屑一顾。我们的学校（正统）教育似乎过于关注知识输送，而对于观念和技巧的传授又总是显得力不从心。这样，我们太多的职场中人其实是从不培训就上岗的境地起步的。摸着石头过河，谨慎前行是职场中有心人的真实写照。相反，还有众多缺少运气的心气高涨之徒，进入职场之后藐视一切地闭上眼向前冲，往往几个照面之后就死在冲锋的道路上。

出马一条枪，迅速死路上。

可悲的是，太多的职场中人死过很多次，却从来不明白自己是怎么死的，究其一生的职场生涯，总是头破血流、遍体鳞伤，但是永远不知道错在哪里。所以重复死亡，直至习惯死亡成为他们的真实写照。

其实，上面的状况我们在职场中看得太多了，这样的悲情桥段在我们的面前又重复了很多次，只是苦于没有人把这些死亡经验总结出来。即便总结，也秘不示人——因为这些都属于真真正正的“潜规则”。有些东西只可意会，难以言传；有些东西大家彼此心照不宣，但从不相互点醒说破。所以混沌的职场上永远行走着太多混沌的“行尸走肉”。他们都期盼着有朝一日，灵光乍现，时来运转。他们把所有转换职场命运的希望都寄托于外在难以把握的运气上了。

现在，当把这些东西赤裸裸地呈现在诸位面前时，笔者并没有刻意掩饰什么，也不想故意丑化什么，只是希望告诉你一个原生态的职场状况。笔者愿意把“潜规则”明确说出来，使其情伪毕现；愿意用某些难以明说却运行不悖的规律去解释背后的原因，而不去刻意回避；希望把无数前人血泪结成的职场经验教训转化为可以分解操作的具体招数，让大家可以用它应对混沌。这些招数可御敌，可让你少走弯路，所以，这些招数是礼物，是送给你的职场礼物，期待你的感悟。

关于上级

在职场中，有幸结成上下级关系，本身就是一件应该让我们惜缘的事情。有人曾说：没有哪一个人会随随便便进入你的生命，他们都是你生命当中的天使。虽然有的天使带给你的是好运、机遇，也有的天使带给你的是痛苦、磨难，但是他们都是天使，都带着上天的旨意来到你的身边。他们都在使用自己不同的方式方法让你体会不同的人生境遇，实现你人生的完美与完整，所以无论他的方法你是否喜欢，你都要相信他们都是为了你好。

上级就是我们职场中的天使。他们通过不同的途径、方式进入我们的生命。前人道：前生五百次的回眸才换来今生的一次擦肩而过。想想我们今生天天与上级朝夕相处，那得有至少上下几百载，纵横数千年的缘分呀。

诸位可能注意到了，笔者在所有的论述当中没有对上级做出任何的非议与抨击，原因在于我们希望每个职场中的下级万万不能将责任推卸于自身之外。

上级也是人，是人就有可能犯下这样那样的错误，不过我们需要明白的是这种错误并不需要下级指出和更正。管好自己是下级的本分，而不要成天琢磨着去评判上级的是非得失。

退一万步说，即使上级确确实实心怀鬼胎、首鼠两端、仗势欺人、变本加厉，那又能怎么样呢？你把上级想成是一个恶魔，你将永无安宁之日。你把上级想象成为一个天使，天使用不同的方式促进你的成熟与成功。如果这些方式让你难以接受也实属正常。如果所有的方式都是你喜欢的、你适应的、你熟悉的，那么还有什么办法能够真正磨炼你呢？

再换一个角度吧。如果你连面对这种上级都不在话下了，那么在面对上级的这件事上还有什么可以让你感到恐怖害怕的吗？

在面对上级的磨炼中，你或许会发现，你的心性会修炼得如此澄净、高远。感谢上级对于我们在职场中所做出的一切吧，毕竟面对上级的故事属于你职场生涯当中值得回味的精彩篇章。

关于我们谦卑的心

有一个人，他的肖像印在了百元美元钞票之上，随着美元的流通传遍全世界；他是“雷电是一种云块空中放电假设”的证明者，为此他连同他的风筝的故事载入科学史册；他还是美国《独立宣言》与美国宪法的起草人之一，被全世界公推为民主自由的先驱者。

当年人们真诚拥戴，希望他成为美国总统，但是每次都被他婉言拒绝了。拒绝的原因在于他认为一旦他当选了总统，就可能违背了自己终身不辍的信仰与追求——谦卑。

对，他就是本杰明·富兰克林。当他去世之后，人们在他的墓碑上只发现一行字：印刷工富兰克林。

一颗谦卑的心，但托举起一个伟大的灵魂。

印度大文豪泰戈尔在他的诗歌中曾写下这样一句名言：我走遍千山万水，我最思念的是我家门前的小草，小草上面的露珠辉映出通天宇宙。

卑微的，可能却是伟大的。

一位职场中人，当然希望自己能够在职场获得成功，笑傲江湖，但是如果让你设想一下成功的场景，你所期望看到的会是什么呢？

是威武的权杖，是奢华的办公场所，是前呼后拥万人空巷，还是恬淡和谐的人际风情。

江湖有划分。

（1）手中有剑。

（2）手中无剑，心中有剑。

（3）手中无剑，心中也无剑。

真正的修炼成功不是外在的附加物的多寡、昂贵、稀缺与否，而是内在的心灵感悟的深厚。

武功修炼，学习招数固然可以依葫芦画瓢，但是最为难得的是在内心感悟之后对于招数的融会贯通。

祛除内心的过分执着，放下内心的不安与焦虑，遵从内在那颗谦卑的心。戒急、戒机（投机）、欣赏、分享，保持内心强大的思想力量。

职场修炼，下级法则，招由心生才能无招胜有招。